数字媒体艺术创新力丛书

Digital Media Artistic Innovation Series

宗诚　丛书主编

AUGMENTED

增强现实技术与设计

Augmented Reality Technology and Design

李诗韵　温晓镭　主编

化学工业出版社

·北京·

内容简介

本书系统阐述了增强现实（AR）技术的发展与应用，内容涵盖AR系统的组成、技术、设计制作，以及在教育、医疗、工业等领域的应用实践。书中详细介绍了建模、开发框架、交互工具等设计平台，以Unity 3D为例讲解基础操作与场景搭建；深入探讨交互设计中的用户体验和空间交互原则方法。通过理论与实践结合，辅以丰富案例分析和项目实践，帮助读者掌握AR开发流程与设计原则。附录包含术语表，便于深入学习。

本书适合作为高等院校数字媒体艺术、计算机科学、虚拟现实等相关专业的教材，也可供对AR技术感兴趣的开发者和设计师阅读参考。

图书在版编目（CIP）数据

增强现实技术与设计 / 李诗韵，温晓镭主编. 北京 : 化学工业出版社，2025. 10. --(数字媒体艺术创新力丛书). -- ISBN 978-7-122-49030-8

Ⅰ. TP391.98

中国国家版本馆CIP数据核字第2025X219H4号

责任编辑：徐　娟　　文字编辑：冯国庆　　装帧设计：刘书琴　王鬶鸾
责任校对：刘曦阳　　封面设计：朱昕棣

出版发行：化学工业出版社（北京市东城区青年湖南街13号　邮政编码100011）
印　　装：北京宝隆世纪印刷有限公司
710mm×1000mm　1/16　印张10　字数200千字　2026年2月北京第1版第1次印刷

购书咨询：010-64518888　　售后服务：010-64518899
网　　址：http://www.cip.com.cn
凡购买本书，如有缺损质量问题，本社销售中心负责调换。

定　　价：68.00元

丛书序

进入 21 世纪，科学技术领域推陈出新的速度更加迅速，新科技、新技术、新领域、新方法不断地被应用于生产、生活中。新的科学技术加速了信息传播的速度，改变了信息传播的载体，更新了信息传播的形式，同时也改变了人们的生活方式、阅读习惯等。数字媒体艺术专业在这样的时代背景下应运而生，其为艺术设计领域的新兴专业，研究领域涵盖了设计、艺术、科技等领域，适应时代趋势下科技与艺术结合的人才培养方向。

在互联网技术迅速发展的大环境下，有科学技术的支持，数字媒体艺术有了更大的发展空间。数字媒体艺术创新力丛书的宗旨是在数字媒体艺术日趋繁荣的市场背景下，培养适应市场经济需求和科学技术发展需要、能从事数字媒体艺术与设计行业的相关人才。本丛书此批共包括 6 个分册，分别为《新媒体动态设计》《用户体验设计》《数码摄影与后期》《增强现实技术与设计》《数字视频编辑与制作》《数字图像编辑》。这些书着眼于新媒体设计领域，基于各种数字、信息技术的运用，引导读者创作出具有时代特色、重创意的艺术作品。为更好地表达动态有声案例，本丛书配备相关的数字资源，共享于网络中，以更全面、更直观地展示设计案例，请读者自行下载获取。

数字媒体艺术为新兴的专业方向，时代的发展需求和科学技术的不断革新，对数字媒体艺术专业不断提出新的要求，因此，创新是唯一出路。本丛书从数字媒体艺术专业领域着手，本着“四新”的原则进行策划与编写，即创新教学观念、革新教学体系、更新教学模式、刷新教学内容。本丛书从基础到进阶、从概念到案例、从理论到实践，深入浅出地呈现了数字媒体艺术相关方向的知识。丛书的编者们将自己多年来教学经验进行梳理和编撰，跟随时代的步伐分析和解读案例，使读者思考设计、理解设计、完成设计、做好设计。本丛书的编者主要来自鲁迅美术学院、吉林艺术学院、辽宁师范大学、大连工业大学、沈阳理工大学、辽东学院、塔里木大学、苏州城市学院、苏州大学、常州大学等院校，既是一线的教育工作者，又是科研型的研究人员。编者在完成日常教学和科研工作的同时，又将自己的教学成果编撰成教材实属不易，感谢读者朋友们选择本丛书进行学习，如有意见和建议，敬请指正批评！

宗诚
2024 年 3 月

前言

在当今这个快速发展的数字时代，科技正以前所未有的速度改变着我们的生活方式和认知世界的方式。增强现实（AR）作为一项极具创新性和潜力的前沿技术，正逐渐渗透到我们生活的方方面面，从艺术创作到工业制造，从教育医疗到娱乐休闲，它的影响力与日俱增。它通过计算机生成的图像、声音、触觉等多种感官信息，实时地叠加到现实环境中，为我们创造出一个虚实交织的奇妙世界。AR 不仅拓展了我们的感知边界，更激发了人类无穷的创造力和想象力。

从 1968 年第一个 AR 系统的诞生，到如今各种先进的 AR 设备和应用层出不穷，技术的进步日新月异。在这个过程中，AR 不断突破自身的局限，为各个行业带来了新的机遇和挑战。本书全面而深入地介绍了 AR 的相关知识。从基础理论到实际应用，从技术原理到创作工具，从艺术设计到案例实践，涵盖了 AR 领域的多个重要方面，不仅为初学者提供了入门的指导，也为专业人士提供了目前业界的案例参考。书中通过丰富的案例和实践操作指南，帮助读者更好地掌握 AR 的实际应用方法。通过 AR 技术，静态的绘画、雕塑可以变得动态鲜活，观众可以更加深入地参与到艺术作品中，与艺术进行互动。本书还特别对 AR 在艺术领域的创新应用进行了详细的阐述，展示了技术与艺术结合所产生的奇妙效果。

对于从事教育、设计相关领域的读者来说，本书更是一本入门的实用指南。希望广大读者能够通过本书，深入了解 AR 的魅力，在各自的领域中发挥创造力。共同期待这项技术为我们带来更加美好的未来。本书由李诗韵、温晓镭主编，参与编写的还有邱欣妍、张赫轩、张彬彬、田甜、范森、魏张燕。在本书的编写过程中，感谢宗诚老师的支持与帮助，感谢编辑的辛劳工作，此外还要感谢郑梦婷、黄将的协助。

由于编者才疏学浅，书中难免有疏漏之处，恳请广大读者批评指正。

编者

2025 年 10 月

目录

第一章　增强现实技术原理与应用概述 001
第一节　增强现实概述 002
一、增强现实的定义 002
二、增强现实的历史与发展趋势 005
第二节　VR、AR、MR 和 XR 比较 010
一、定义与功能 010
二、技术演化 013
三、未来趋势 015
第三节　增强现实的应用领域 016
一、游戏与娱乐领域 016
二、教育与培训领域 017
三、医疗领域 018
四、零售与电商领域 019
五、工业领域 020
六、社交媒体与广告领域 021
七、建筑与城市规划领域 022
第四节　增强现实技术的未来 023
一、硬件技术的革新 023
二、软件与算法的进步 023
三、应用场景的拓展与深化 024
四、面临的挑战与解决路径 024
五、发展时间线预测 025
第二章　增强现实设计工具与平台入门 027
第一节　增强现实内容创作软件 028

一、像塑－抖音 AR 特效开放平台 028
二、Adobe Aero 030
三、Vuforia Engine 031
四、Kivicube、云观博、阿里钉钉 AR 033
第二节　3D 建模与动画工具 035
一、Blender 035
二、Maya 037
三、Cinema 4D 041
第三节　AR 开发平台 042
一、Unity 042
二、Unreal Engine 044
三、AR Foundation 插件 047
第四节　硬件设备选择 048
一、苹果 Vision Pro 048
二、Meta Quest 3 049
三、AR 眼镜与移动设备 051
第三章　Unity 3D 引擎基础 053
第一节　基础操作与环境配置 054
一、Unity 界面与工具集介绍 054
二、设置 Unity 开发环境与 AR 插件配置 057
第二节　3D 模型与物理属性设置 059
一、3D 模型导入与调整 059
二、物理引擎与碰撞检测 061
第三节　动画与声音制作 063
一、动画原理与基本操作 063
二、AR 环境中的音效与声音交互 065
第四节　场景搭建与用户界面设计 067
一、场景构建与 AR 视图管理 067
二、用户交互与界面设计原则 069
第五节　发布与导出 071
一、项目导出至 iOS、Android 与头戴设备 071
二、发布平台与优化建议 072
第四章　AR 交互设计基础 075
第一节　用户体验与空间交互 076
一、核心原则 076
二、三维空间交互模型 077
三、用户路径与行为分析 078
四、多模态交互策略 078
第二节　虚拟与现实的界面整合 080
一、混合界面设计思维 080
二、2D HUD 与 3D 对象叠加 080
三、虚实边界可视化表达 082
第三节　情境感知与信息可视化 083
一、多源传感器融合 083
二、分层信息呈现 084
第四节　设计中的沉浸感与参与感 085
第五章　AR 空间叙事 087
第一节　空间叙事与虚拟场景建构 088
一、空间叙事的基本概念与方法 088
二、虚拟场景的构建与交互体验设计 090
第二节　跨媒体叙事与多感官融合 093
一、AR 在跨媒体叙事中的应用 093
二、多感官融合 095
第六章　增强现实在艺术领域的应用 099
第一节　教育、展览与公共空间领域 101
一、博物馆与展览 101
二、公共空间 103
第二节　绘画与插画领域 105

一、虚拟画布 105
二、插画的表现与交互方式 106
第三节 雕塑与装置艺术领域 107
一、3D 雕塑与互动装置设计 108
二、公共展示与互动 108
第四节 摄影与影像艺术领域 110
一、AR 在摄影与影像中的创新应用 110
二、影像与现实的交织 111
第五节 时尚与营销领域 112
一、AR 虚拟试衣技术 112
二、AR 时尚秀与数字营销 114
三、AR 美妆与配饰体验 115
四、品牌互动与社交分享 116
第六节 建筑与空间设计领域 116
第七章 增强现实应用实例分析 119
第一节 古生物复原增强现实应用 120
一、古生物学中的应用 120
二、教育与展示 121
三、博物馆展示 123
第二节 文旅项目应用 124
一、AR 在文化遗产保护中的作用 124
二、虚拟导览与沉浸式体验 126
三、文物、遗址与现代文旅应用 126
第三节 工业产品应用 129
一、原型设计与产品展示 129
二、远程协作与维修 131
三、制造业与工程项目中的应用实例 134
第八章 增强现实设计的未来 137
第一节 技术演进与设计挑战 138
一、技术瓶颈与未来发展 138
二、设计面临的挑战与机遇 141
第二节 人工智能与 AR 结合 143
一、AI 如何推动 AR 的发展与创新 143
二、AI 赋能的个性化 AR 体验 145
三、未来展望与设计思考 146
第三节 新兴职业与学习路径建议 147
参考文献 148
附录 本书术语表 150

随书附赠资源，请访问 https://www.cip.com.cn/Service/Download 下载。在如图所示位置，输入“49030”点击“搜索资源”即可进入下载页面。

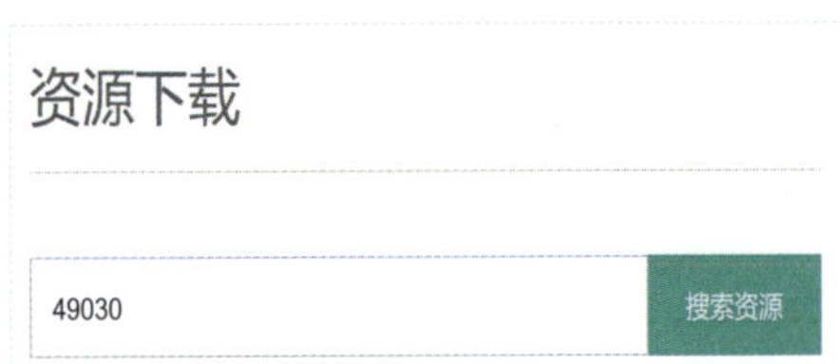

CHAPTER 1 OVERVIEW OF AUGMENTED REALITY: PRINCIPLES AND APPLICATIONS

第一章 增强现实技术原理与应用概述

01

第一节　增强现实概述

一、增强现实的定义

增强现实（augmented reality，AR）是一种将虚拟世界与现实世界巧妙融合的技术。它借助计算机生成的图像、声音或其他感官信息，为现实世界“添砖加瓦”，提升人们对现实环境的感知和互动体验。与虚拟现实（VR）不同，AR 并不试图让人们脱离现实，而是在现实的基础上，叠加虚拟对象或信息，让人们能够同时与现实世界和虚拟世界的元素进行互动（图 1-1）。

图 1-1　AR 技术在教学中的使用

AR 的关键特性在于其“增强”性质，即通过虚拟的元素增强人们对周围环境的理解或提供额外的信息。例如，在智能手机或 AR 眼镜的屏幕上，用户可以看到叠加在实际环境中的虚拟物体或数据，这些虚拟元素和真实环境通过视图、声音、触觉等形式实时交织在一起。想象一下，你戴着 AR 眼镜走在街头，眼镜屏幕上不仅能显示出真实的街景，还会叠加出附近餐厅的推荐信息、景点介绍，甚至虚拟的导航箭头，引导你前往目的地。这些虚拟元素和真实环境实时交织，就像它们原本就存在于现实中一样，这就是 AR 的神奇之处。

1. 增强现实的工作原理

AR 技术的实现，离不开多个核心技术的紧密协作，包括传感器技术、计算机视觉、图像识别、实时渲染、定位和追踪技术。这些技术共同构建了一个奇妙的虚实融合世界。

（1）环境感知。AR 设备就像一个敏锐的观察者，通过摄像头、传感器实时捕捉用户周围的环境信息，获取空间数据。这些数据是后续虚拟元素定位的重要基础，让虚拟内容能准确地“放置”在现实场景中。

（2）数据处理与分析。借助计算机视觉和图像处理算法，AR 系统开始对采集到的环境信息进行“解读”。它能够识别环境中的特定物体或特征点，就像在一幅复杂的图画中快速找到关键元素一样。通常会使用标定技术（如 QR 码、图像识别等）来精准定位现实世界中的目标，为添加虚拟元素做好准备。

（3）虚拟内容生成。根据感知到的环境信息和用户的需求，计算机系统开始发挥“创造力”，生成或选取相关的虚拟对象、动画或信息。这些虚拟内容就像是为现实场景精心准备的装饰品，等待着与现实融合。

（4）虚拟与现实融合。通过显示设备（如智能手机、平板电脑、AR 眼镜等），虚拟对象与现实世界图像完美合成，并呈现在用户眼前。此时，虚拟元素与现实环境中的物体和场景相互融合，实现互动，一个虚实结合的奇妙场景就此诞生。

（5）交互与反馈。用户可以通过多种方式与虚拟内容进行互动，比如触摸屏操作、语音指令、手势控制、眼动追踪等。系统会根据用户的操作实时做出反馈，让整个 AR 体验更加流畅、自然，充满趣味性。

2. 增强现实的核心技术

AR 技术的实现依赖多个技术的协作，这些技术不仅为 AR 技术提供了基础功能，还推动了它在各个领域中的广泛应用。以下是 AR 技术的核心组成部分。

（1）计算机视觉。作为 AR 技术的基石，计算机视觉负责对图像和视频进行处理与分析，帮助系统识别和理解现实世界中的物体或场景。它能够精准地识别目标物体，获取物体的三维位置信息，确保虚拟内容可以准确无误地叠加到相应位置，就像给虚拟元素找到了它们在现实世界中的“专属位置”。

（2）传感器技术。传感器在 AR 系统中扮演着至关重要的角色，它就像 AR 设备的“触角”，负责采集和反馈用户的运动、位置、环境变化等数据。常见的传感器包括加速度计、陀螺仪、全球定位系统（GPS）、深度传感器、环境光传感器等。这些传感器协同工作，帮助 AR 系统实时追踪用户的移动，及时调整虚拟内容的显示角度和位置，让用户感受到虚拟内容与自己的动作紧密同步。

（3）实时渲染与图形处理。在 AR 体验中，虚拟内容的实时渲染效果直接影响用户感受。AR 系统必须具备强大的实时渲染能力，能够在用户移动或环境变化时，快速生成和显示虚拟内容。为了实现这个目标，通常会借助强大的图形处理单元（GPU）和图形渲染引擎（如 Unity，Unreal Engine），它们能够高效处理复杂的虚拟场景和动画，为用户带来流畅、逼真的视觉体验。

（4）定位与追踪技术。定位技术是 AR 系统的关键，它决定了虚拟内容能否精准地叠加在现实世界中。常见的定位方式包括视觉定位（基于图像识别）、GPS 定位、惯性导航、SLAM（simultaneous localization and mapping，同时定位与地图构建）等。这些技术各显神通，使得 AR 技术能够在不断变化的环境中精确跟踪用户位置，让虚拟内容始终与现实场景完美匹配。

3. 增强现实的应用模式与场景分类

AR 技术可以根据不同的应用场景、目标用户和交互需求灵活组合与创新，从而最大化地发挥其技术优势，为用户带来既丰富又可控、沉浸式的体验。通过四种典型应用模式——信息叠加、对象替换、环境增强和交互操控，展现 AR 在现实场景中的表现方式和结构形式。这些模式各自强调虚拟内容与真实世界的不同融合策略与交互强度。

（1）信息叠加模式。这一模式是 AR 最常见的应用形式，它通过在现实场景中叠加文字、图标、弹窗等信息，来增强用户对真实环境的认知。例如，在博物馆导览中，观众对准展品即可看到作品介绍、年代注释或地图导航。这种方法在教育与旅游场景中尤为有效，因为它非侵入、不破坏场景结构，却能提供即时辅助信息，提升用户理解与体验。

（2）对象替换模式。对象替换模式通过虚拟物体替换或覆盖真实对象，营造新的视觉效果和沉浸感。例如在手机 AR 试衣应用中，用户可看到一件虚拟服装覆盖在自己身上的效果，轻松实现试穿，而无需更换衣物。这种模式通常依赖实时识别与跟踪技术，在零售、服装、配饰等行业有着广泛应用。

（3）环境增强模式。此模式更加强调整体氛围的营造，通过视觉美化、动态粒子、光影特效等手段，对现实环境进行全面提升。如在艺术展览或零售空间中，AR 能为整体场景添加炫光、虚拟装置或动态元素，引导用户情绪，并营造梦幻般沉浸体验，这不仅提高了视觉冲击力，也提升了空间互动价值。

（4）交互操控模式。这是 AR 互动性最强的模式，允许用户通过界面操控虚拟或现实对象。例如工业维护场景中，工程师戴上 AR 眼镜，能直接在画面上点击按钮触发机器操作或看到箭头指引；或在游戏和应用中，用手势、触控或语音控制虚拟物体移动、旋转甚至逻辑演算。该模式强调操作反馈的即时性与交互沉浸感，是 AR 最具未来感的应用方向。

4. 增强现实的发展

随着硬件技术的飞速发展和计算能力的不断提升，AR 技术的应用前景变得更加广阔。从最初的移动设备 AR 应用，到如今功能日益强大的可穿戴设备（如 AR 眼镜、头戴显示器），AR 技术正不断成熟，并逐渐渗透到更多行业。未来，AR 技术将与人工智能、物联网、5G 网络等新兴技术深度融合，为用户带来更加智能、沉浸的体验，进一步推动数字化与现实世界的融合。

二、增强现实的历史与发展趋势

1. 概念萌芽期（20 世纪初～50 年代）

1935 年，美国作家斯坦利·G. 温鲍姆（Stanley G. Weinbaum）在科幻小说《皮格马利翁的眼镜》中，描绘了一个极具前瞻性的 VR 系统。书中的用户可以通过特殊眼镜，看到叠加在现实物体上的化学公式、历史事件注释等信息，这个“虚拟信息层”的概念，与现代 AR 技术的标注功能不谋而合，被视为 VR 技术早期设想的重要里程碑。

1957 年，摄影师莫顿·海利希（Morton Heilig）发明了 Sensorama 模拟器（图 1-2）。这个模拟器采用机械式头部追踪系统、35mm 胶片投影和定制风感 / 气味发生器，通过三面显示屏、立体声、气味和触觉反馈，为用户提供了多感官的沉浸式体验，其多模态交互设计为后来的 VR/AR 系统奠定了重要基础。

2. 技术发展期（20 世纪 60～80 年代）

1968 年，计算机科学家伊凡·萨瑟兰（Ivan Sutherland）开发了第一个由计算机生成的头戴式显示器系统，用两个追踪仪，佩戴后就能凭空看到一个悬浮的立方体，这就是 AR 最早的雏形。由于技术有限，显示器非常重，必须悬挂起来与头部装饰相连，否则可能压断脖子，所以又称“达摩克利斯之剑”（sword of Damocles）。该系统通过头戴式显示器，将简单的图像呈现给用户，开启了 VR 技术的实践应用（图 1-3）。

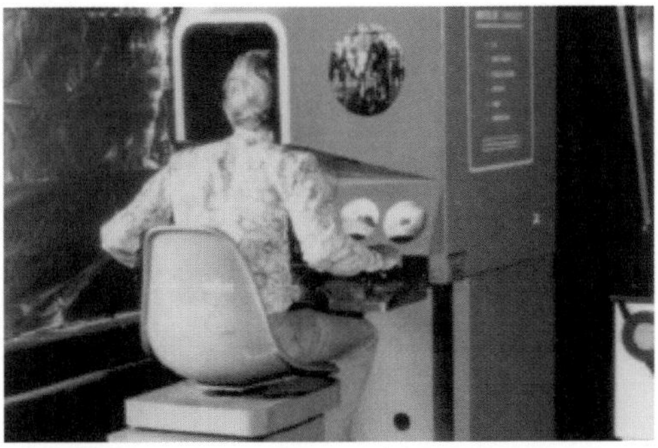

图 1-2　Sensorama 模拟器

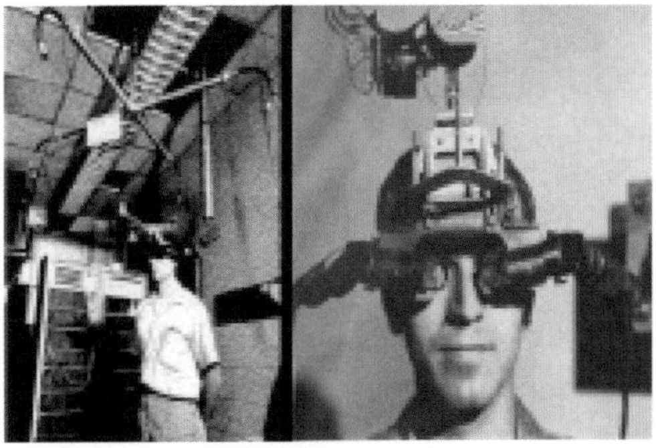

图 1-3　达摩克利斯之剑

20 世纪 80 年代，美国军方和工业界开始探索 VR 技术的应用。在军事领域，飞行模拟训练借助 VR 技术，让飞行员在安全的环境中进行各种飞行场景的模拟练习；在工业界，设计原型展示通过虚拟现实技术，使设计师和客户能够更直观地评估设计方案，推动了 VR 技术在专业领域的发展。

3. 概念确立与技术突破期（20 世纪 90 年代）

1992 年，美国波音公司的研究人员汤姆·考德尔（Tom Caudell）和大卫·米泽尔（David Mizell）在论文中首次提出了“增强现实”（AR）这个术语。他们用这个术语描述了在工业制造中，通过头戴式显示器辅助工人组装电路板的系统（图 1-4），标志着 AR 概念的正式确立。

1994 年，艺术家朱莉·马丁（Julie Martin）创作了《赛博空间之舞》（图 1-5），这是世界上第一个 AR 戏剧作品。在表演中，舞者与投影到舞台上的虚拟内容进行实时交互，探索了技术与艺术融合的可能性。

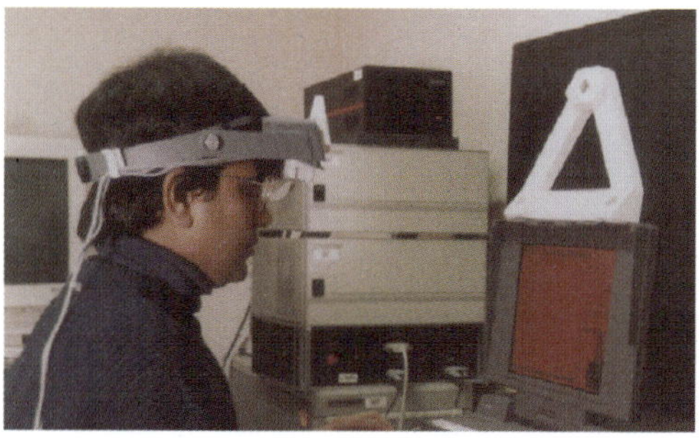

图 1-4　头戴式显示器

图 1-5　《赛博空间之舞》

1997 年，美国北卡罗来纳大学教授罗纳德·阿祖玛（Ronald Azuma）在其论文《*A Survey of Augmented Reality*》中，提出了 AR 的三个特征：虚拟与现实的结合、实时交互和三维注册。这个理论为后来 AR 技术的研究和应用提供了重要的基础。

4. 商业化与技术成熟期（21 世纪初至今）

2000 年，布鲁斯·托马斯（Bruce Thomas）等人发布了 AR-Quake，是流行电脑游戏 Quake（雷神之锤），这个追踪系统使用了 GPS、数字罗盘和基于标记的视觉追踪系统（图 1-6）。玩家需要在现实世界中寻找虚拟物体，将虚拟角色与现实环境相结合，开创了 AR 游戏的先河，让人们看到了 AR 技术在娱乐领域的潜力。

2008 年，来自荷兰的软件公司 SPRXmobile 发布了 Layar（图 1-7），这是首个 AR 浏览器应用。用户通过手机摄像头查看周围环境时，屏幕上会叠加显示餐厅评价、商店促销等相关虚拟信息，提升了信息获取的便捷性，推动了 AR 技术在日常生活中的应用。

图 1-6　AR 游戏

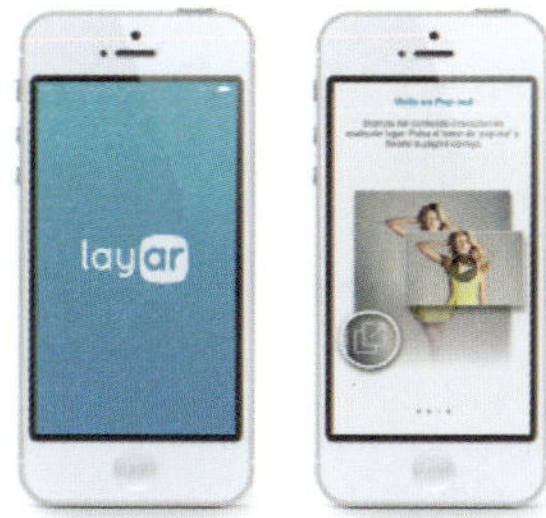

图 1-7　Layar 浏览器

2012 年，美国谷歌公司发布 Project Glass，这是首款商业化的 AR 眼镜。用户佩戴眼镜后，可以在视野中看到导航、天气等信息，展示了 AR 技术在日常生活中的应用潜力，引起了广泛关注（图 1-8）。

2015 年，美国微软公司发布 HoloLens，这是首款独立运行的全息计算平台。用户通过佩戴头显设备，可以与全息影像进行交互，实现了虚拟物体与现实环境的深度融合，为 AR 技术的发展带来了新的突破（图 1-9）。

图 1-8　Project Glass

图 1-9　HoloLens

2016 年，美国苹果公司在 iOS 11 中推出了 ARKit，这是一个 AR 开发平台（图 1-10）。它提供了环境感知、物体识别等功能，帮助开发者更轻松地创建 AR 应用，推动了 AR 技术在移动设备上的普及。同年，美国 Niantic 公司发布了 Pokemon GO（图 1-11），这款基于 AR 技术的手机游戏迅速风靡全球。玩家在现实世界中寻找虚拟的精灵，游戏的火爆证明了 AR 技术在娱乐领域的巨大商业潜力。

2017 年，谷歌公司发布了 ARCore，与苹果公司的 ARKit 相对应，支持 Android（安卓）设备上的 AR 应用开发，进一步促进 AR 技术的普及和应用。此后，移动 AR 生态逐渐奠基，应用场景不断拓展。

图 1-10　ARKit 的应用

图 1-11　Pokemon GO

5. 发展与未来趋势（2020 年至今）

（1）光场显示技术的商业化。光场显示技术通过捕捉和重现光线的强度及方向，实现了更真实的三维视觉效果。它解决了传统显示技术在视角和深度感知上的局限，为用户提供了更为沉浸的视觉体验，推动了 AR 硬件显示效果的提升。

（2）神经渲染技术的发展。神经渲染利用深度学习算法，将二维图像转换为三维场景，大大提高了渲染效率和质量。这项技术的突破，使得复杂场景的实时渲染成为可能，丰富了 AR 内容的表现力和真实性。

（3）AR 与 VR 设备的融合。随着技术的发展，AR 和 VR 设备的界限逐渐模糊。例如，苹果公司发布的 Vision Pro 设备（图 1-12），融合了 AR 和 VR 功能，支持空间视频录制和混合现实模式切换，为用户提供了多样化的沉浸式体验，代表了未来 AR 与 VR 设备的发展方向。

图 1-12　Vision Pro 设备

2020～2022 年，空间计算时代来临，技术演进呈现出端云协同架构的特点。5G 网络商用推动了边缘计算与 AR 的结合，英伟达 Omniverse 平台支持云端数字孪生渲染，实现了跨设备AR内容同步。同时，交互范式也不断革新，眼动追踪、手势识别、脑机接口等技术取得进展，提升了用户与AR设备的交互体验。在行业渗透方面，AR技术在医疗、教育、零售等领域的应用不断深化，如AR手术导航精度达到0.1mm，全息化学实验模拟、虚拟试衣等应用为行业带来了新的变革。2023～2025年，元宇宙基础设施逐渐成型。光场显示商业化取得新突破，Magic Leap 3采用双向光纤扫描技术，实现120° 视场角与动态变焦，解决了视觉辐辏冲突问题。神经渲染技术进一步发展，NVIDIA Instant NeRF技术将3D建模时间从小时级压缩至分钟级，Unity Envision引擎支持亿级多边形实时渲染，材质还原度超95%。AR与VR深度融合，苹果Vision Pro搭载M3芯片，支持空间视频录制与混合现实模式切换，奠定了XR设备形态标准。

（4）AR开发工具链的成熟。ARKit和ARCore作为主要的AR开发平台，不断更新和完善。ARKit 6.0引入地理锚点API，支持厘米级GPS定位，增强了定位精度；Unity的AR Foundation框架实现了跨平台内容开发效率的大幅提升，降低了开发成本，为开发者提供了更便捷的开发环境。

（5）内容创作工具的普及。 随着工具和平台的进一步发展，内容创作将不再受限于专业技术能力。人工智能（AI）辅助的内容创作工具将使得每个人都能成为AR内容的创造者，极大地丰富其生态系统。例如，创作者可以利用AI快速生成虚拟角色、场景，通过简单操作就能制作出具有创意的AR内容，让AR应用更加丰富多样。

（6）硬件设备的轻量化与普及。随着技术的进步，AR设备将变得更加轻便和舒适。预计未来的AR眼镜质量将进一步减轻，佩戴体验将大幅提升，就像普通眼镜一样方便携带和使用，这将推动AR设备的广泛普及，使其成为人们日常生活的一部分。

（7）元宇宙的构建。元宇宙作为融合了AR、VR、区块链等技术的虚拟世界，正逐步成型。AR技术在其中扮演着关键角色，为用户提供沉浸式的虚拟体验。随着技术的不断进步，元宇宙有望成为人们工作、学习和娱乐的重要场所，改变人们的生活和社交方式。

（8）标准化体系的建立。随着AR技术的普及，行业标准的制定变得至关重要。国际标准化组织（ISO）等组织发布了AR交互协议，规范了AR设备和应用的技术标准；中国制定了《手持式移动设备增强现实系统技术规范》（GB/T 45286—2025)国家标准，促进了产业的健康发展，确保不同设备和应用之间的兼容性及互操作性。

总之，AR技术从概念萌芽到如今的蓬勃发展，经历了漫长的过程。在硬件、软件和行业应用等方面都取得了显著进展。展望未来，随着技术的持续创新和应用场景的不断拓展，AR技术将在更多领域发挥重要作用，深度融入人们的日常生活和工作。

第二节 VR、AR、MR和XR比较

一、定义与功能

在当今这个数字化时代，增强现实（AR）、虚拟现实（VR）、混合现实（MR）和扩展现实（XR）等技术逐渐走进人们的视野，它们以独特的技术特性和广泛的应用前景，深刻影响着众多领域的发展。尽管这些技术都与虚拟体验相关，但在概念、技术实现、用户体验以及应用场景等方面存在显著差异。下面将深入剖析这些技术，帮助大家清晰理解它们之间的区别与联系。

1. 虚拟现实（VR）

虚拟现实（virtual reality，VR），也称为计算机模拟现实，是一种借助人机交互技术和计算机生成的三维模拟环境，为用户创造沉浸式体验的技术。用户通过佩戴专门的VR设备，如头戴式显示器（HMD）（图1-13）和控制器，能够在虚拟环境中进行自然交互。

图1-13　头戴式显示器（HMD）

VR技术的核心在于利用计算机强大的图形处理能力，生成高度逼真的三维虚拟世界。在这个虚拟世界中，用户的视觉、听觉甚至触觉等感官都能得到模拟和反馈。例如，在VR游戏中，玩家戴上头盔后，仿佛置身于游戏设定的奇幻场景中，当玩家转动头部时，虚拟场景会实时跟随转动，让玩家产生强烈的身临其境之感。而且，通过配备的手柄或其他交互设备，玩家可以与虚拟环境中的物体进行互动，如抓取、操作虚拟物品等。VR技术在娱乐领域应用广泛，像热门的VR游戏《半衰期：爱莉克斯》（图1-14），为玩家带来沉浸式的射击体验；在教育和培训方面，它也发挥着重要作用，如医学领域的手术模拟培训，让医学生在虚拟环境中反复练习手术操作，提高技能水平且避免真实手术风险；在商业领域，VR技术可用于虚拟会议、产品展示等场景，打破地域限制，提升沟通和展示效果。

图1-14　VR游戏《半衰期：爱莉克斯》

VR是一种通过计算机技术生成的三维虚拟环境，使用户能够与之互动并沉浸其中的技术。使用VR时通常需要佩戴HMD等设备，提供视觉、听觉甚至触觉的感官体验。

应用场景包括：娱乐与游戏（提供身临其境的游戏体验）；教育培训（模拟真实场景进行技能培训，如飞行模拟、军事训练等）；医疗康复（用于患者的心理治疗和康复训练）。

2. 增强现实（AR）

增强现实（augmented reality，AR），是一种实时对现实世界物理环境进行直接或间接观察，并将虚拟信息与真实场景相融合的技术。它通过计算机软件生成数字内容，借助摄像头、传感器等设备，将这些虚拟信息叠加在真实环境之上，从而增强用户对现实世界的感知。

AR 系统通常借助手机、智能眼镜等设备实现。以手机 AR 应用为例，当用户打开相关手机应用程序 (App) 并使用摄像头扫描现实场景时，手机屏幕上会显示出与现实场景相结合的虚拟信息，如 3D 模型、文字说明等。著名的 AR 游戏《宝可梦 Go》就是典型案例，玩家在现实世界中四处探索，通过手机屏幕发现隐藏在周围环境中的虚拟宝可梦，并与之互动，这种游戏方式打破了虚拟与现实的界限，为玩家带来全新的游戏体验。在实际生活中，AR 技术还有诸多应用，比如使用手机的 AR 测量功能，可以方便地测量物体的长度、高度等；在家居领域，通过 AR 应用，消费者可以在购买家具前，在手机上查看家具在自己家中的摆放效果，提前规划家居布局；在工业维修中，维修人员佩戴 AR 眼镜，能够实时获取设备的维修指南、故障提示等信息，提高维修效率。不过目前 AR 技术在提供沉浸式体验方面相对有限，虚拟信息与现实环境的交互深度还有待提升，大多数情况下只能实现简单的信息叠加和有限的交互操作（图 1-15）。

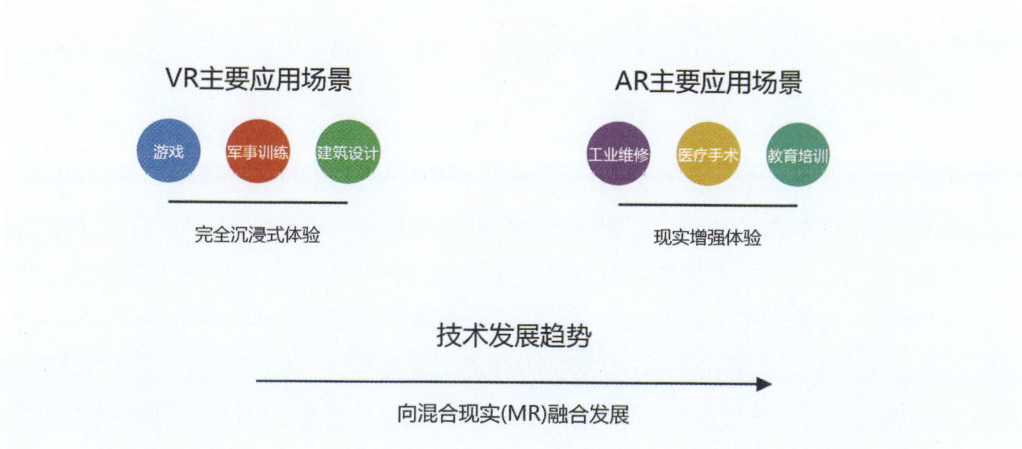

图 1-15 技术发展趋势图

AR 技术通过在现实世界中叠加计算机生成的图像、声音或其他感官信息，增强用户对现实环境的感知。AR 设备通常包括智能手机、平板电脑或 AR 眼镜等。应用场景包括：导航与定位（在街头导航中叠加路线指引）；零售与广告（虚拟试衣、产品展示等）；教育与培训（提供互动式学习体验，如虚拟实验室）。

3. 混合现实（MR）

混合现实（mixed reality，MR）是现实世界与虚拟世界的深度融合，旨在创造新的环境和可视化效果，使物理对象和数字对象能够共存并进行实时交互。

MR 技术不仅能够将虚拟信息叠加在现实世界中，还能让虚拟对象与现实环境中的真实物体进行自然交互。例如，在使用 MR 设备时，用户可以看到虚拟的物体放置在真实的桌面上，并且能够用手触摸、移动虚拟物体，虚拟物体与真实桌面之间的位置关系和物理交互效果都符合现实逻辑。与 VR 不同，MR 不会让用户完全沉浸在虚拟世界中，而是将数字世界融入真实世界；与 AR 相比，MR 的交互更加自然和深入，提供了比 AR 更丰富的沉浸式体验。在建筑设计领域，设计师可以利用 MR 技术在真实的建筑空间中实时查看虚拟的设计方案，对设计进行调整和优化；在教育领域，学生可以通过 MR 设备与虚拟的历史人物或科学模型进行互动，更直观地学习知识。MR 技术的发展，为人们提供了一种全新的交互方式和体验，模糊了虚拟与现实的边界，让人们能够在虚实融合的环境中进行更自然、高效的活动。

MR 融合了 VR 和 AR 的特点，允许虚拟物体与现实环境实时交互。MR 设备通常为专用头戴式设备，如微软的 HoloLens。应用场景包括：协作设计（团队成员在同一虚拟空间内共同设计和修改模型）；远程协助（专家通过 MR 设备指导现场工作人员解决问题）；娱乐与艺术（创造互动式的艺术装置和表演）。

4. 扩展现实（XR）

扩展现实（extended reality，XR）是一个较新的技术术语，它涵盖了由计算机技术和可穿戴设备产生的所有真实及虚拟环境，以及与之相关的人机交互技术。

XR 是一个综合性的概念，它包含了 VR、AR 和 MR 等多种技术。可以说，XR 是这些技术的统称，代表了人类在虚拟体验领域不断探索和发展的方向。从某种意义上讲，XR 可以被视为人类对元宇宙概念的一种技术探索路径，在未来的元宇宙世界中，人们可能会借助 XR 技术，自由穿梭于物理世界和虚拟世界之间，实现更加丰富和多样化的体验，就像电影《头号玩家》中描绘的 OASIS 虚拟世界一样。随着技术的不断发展，XR 技术在各个领域的应用也将越来越广泛，它将整合多种技术的优势，为用户带来更加沉浸式、多样化和个性化的体验，推动各个行业的创新和发展。

综上所述，VR 专注创造完全虚拟的沉浸式环境；AR 强调在现实世界叠加虚拟信息；

MR 实现虚拟与现实的深度融合与自然交互；XR 则是对这些技术的整合与拓展。随着技术进步，它们之间的界限会逐渐模糊，相互融合的趋势会更明显，共同为人们创造丰富多彩的数字生活（图 1-16）。

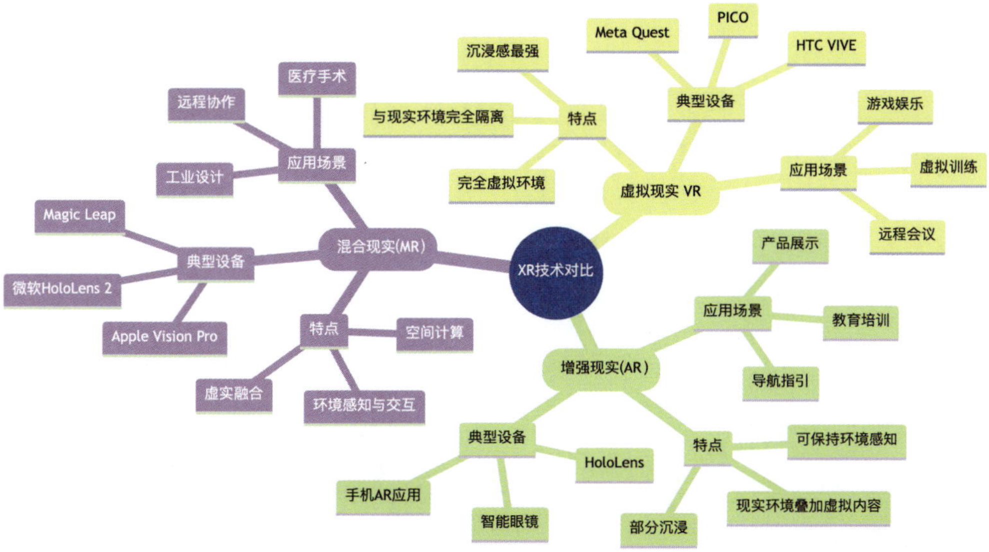

图 1-16　XR 技术对比

二、技术演化

1. 技术融合与发展

随着科技的不断进步，XR 技术正朝着多维度融合的方向迈进，其发展呈现出诸多令人期待的趋势。

（1）设备轻量化。未来的 XR 设备将朝着更轻便舒适的方向发展，大大提升佩戴体验，这将有力推动 XR 技术的普及，使人们能更方便地使用 XR 设备。

（2）人工智能集成。将AI 技术融入XR 设备，能提升设备的环境感知和用户交互能力，实现智能推荐和个性化服务，为用户提供更贴心、智能的体验。

（3）5G/6G 网络支持。高速、低延迟的网络为 XR 应用提供强大支持，特别是在多人协作和实时交互场景中，能确保用户获得流畅的体验，避免出现卡顿等问题。

2. 行业前景

XR 技术的飞速发展，正悄然改变着各个行业的生态，为不同领域带来了前所未有的发展机遇。

（1）娱乐与媒体。XR 技术将给娱乐行业带来巨大变革，提供全新的观影、游戏和互动体验。比如用户可以在虚拟电影院观看 3D 电影，或在虚拟演唱会上与偶像互动，获得前所未有的娱乐体验。

（2）教育培训。XR 将成为教育的重要工具，为学生创造沉浸式学习环境。学生可以通过 VR 参观历史遗址，通过 AR 进行虚拟实验，增强学习效果，提高学习的趣味性和效率。

（3）医疗健康。XR 技术在医疗领域应用前景广阔（图 1-17），可用于手术模拟、远程诊断和患者康复等。医生借助 MR 设备获取实时手术导航，能提高手术精度，保障患者安全。

（4）工业制造。在工业制造领域（图 1-18），XR 技术可应用于设备维护、生产线监控和员工培训等方面。工人通过 AR 眼镜获取实时操作指导，能减少错误率，提高工作效率和质量。

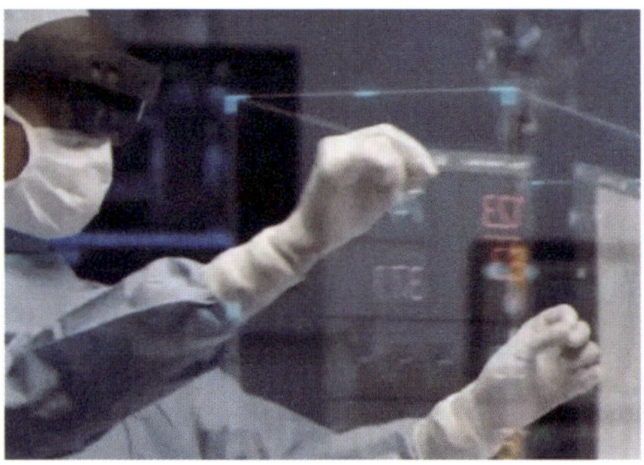

图 1-17 XR 技术在医疗领域的应用

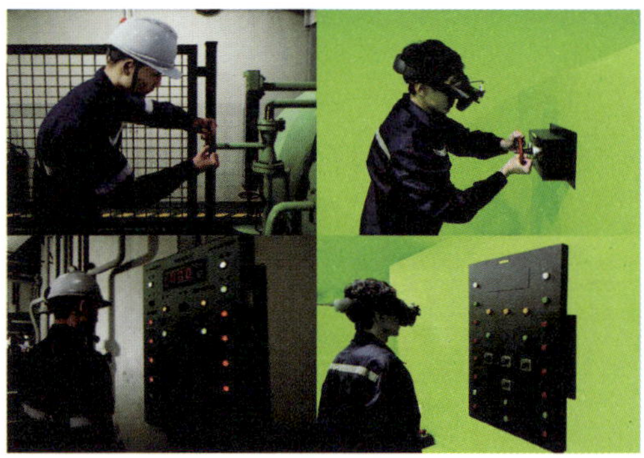

图 1-18 XR 技术在工业领域的应用

（5）零售与营销。XR 技术在零售和营销领域的应用，正逐步改变消费者的购物体验。通过 AR 技术，消费者可以在购买前虚拟试用产品，增强了购买决策的信心。例如某些家具品牌的 AR 应用允许用户将虚拟家具放置在自己家中的实际环境中，查看效果后再决定购买。此外，VR 技术被用于创建沉浸式的品牌体验和广告活动，吸引消费者参与并增强品牌记忆度。这种创新的营销方式，可以帮助品牌与消费者建立更深层次的联系。

（6）建筑与房地产。利用 VR 技术，建筑师和客户可以在项目建设前，虚拟漫游建筑设计，进行空间布局和功能评估。这种方式提高了设计的准确性，减少了后期修改的成本。AR 技术则被用于现场施工管理，通过叠加设计图纸和施工进度信息，帮助施工人员更好地理解和执行任务，提高施工效率和质量。

（7）交通与物流。AR 技术被用于车辆的抬头显示（HUD）（图 1-19），将导航、速度等关键信息投射到挡风玻璃上，减少驾驶员的视线偏移，提高行车安全性。在仓储和物流中心，AR 眼镜帮助工人快速识别货物位置，优化拣货路径，提高工作效率。

（8）军事与国防。VR 技术被用于士兵的战术训练和模拟演练，提供安全、可控的训练环境，提高训练效果。在复杂的战场环境中，利用 AR 技术可实时获取情报和指挥信息，增强决策能力。MR 技术用于装备的维修指导，通过叠加虚拟信息，辅助维修人员进行故障诊断和修复，提高维护效率（图 1-20）。

图 1-19　AR 技术用于车辆抬头显示（HUD）

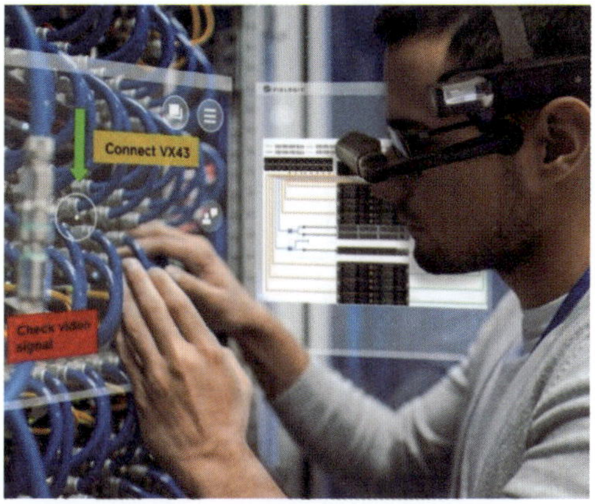

图 1-20　MR 技术维修指导

总之，XR 技术作为新兴的计算平台，正深刻地改变着我们的生活和工作方式。从娱乐到教育，从医疗到工业，XR 的应用场景广泛，潜力巨大。随着技术的进步和应用的深化，XR 有望在未来发挥更大的作用，创造更加丰富和多元的数字世界。

三、未来趋势

未来，XR 技术将与 AI、物联网等技术深度融合，为用户提供更加智能和个性化的服务。例如，通过 AI 分析用户的使用习惯和偏好，为用户精准推荐适合的 XR 内容；物联网技术则可实现 XR 设备与其他智能设备的互联互通，拓展应用场景。

行业标准的制定对于 XR 产业的健康发展至关重要。统一的标准将促进 XR 设备和应用的兼容性及互操作性，使得不同品牌的设备和应用能够更好地协同工作，推动产业的规模化发展。

丰富的 XR 内容是吸引用户的关键。未来，需要更多的内容创作者和开发者参与到 XR 内容的创作中，打造多样化、高质量的内容。同时，随着技术的发展，创作工具也将不断优化，降低创作门槛，让更多人能够参与到 XR 内容的创作中来。

第三节 增强现实的应用领域

AR 技术凭借其独特的优势，如虚实融合的交互体验、实时性和个性化定制等，已经在多个行业深深扎根，并不断拓展着新的应用领域，为各行业注入了新的活力。

一、游戏与娱乐领域

1. AR 游戏

AR 技术在游戏领域的应用，为玩家带来了全新的互动体验。通过将虚拟元素与现实世界相融合，AR 游戏打破了传统游戏的界限，创造了身临其境的游戏环境。例如，游戏《宝可梦 GO》利用 AR 技术，允许玩家在现实世界中捕捉虚拟宝可梦，迅速风靡全球。这种游戏方式打破了传统游戏局限于虚拟世界的束缚，让玩家在现实环境中体验到了游戏的乐趣和惊喜。玩家不仅可以锻炼身体，还能在游戏过程中结识新朋友，增强社交互动。此外，AR 游戏还可以结合地理位置信息，为玩家提供更加丰富多样的游戏任务和挑战，进一步提升游戏的趣味性和可玩性（图 1-21）。

图 1-21 《宝可梦 GO》游戏场景

2. 增强现实电影

AR 技术在影视制作和观影体验方面也发挥着越来越重要的作用。在影视制作中，AR 技术可以用于虚拟场景的搭建和特效制作。通过 AR 技术，导演和制作团队可以在真实场景的基础上快速添加虚拟元素，如奇幻的生物、宏大的场景等，大大降低了制作成本和难度。在观影方面，AR 技术为观众带来了更加丰富、沉浸式的观影体验。观众通过 AR 设备，如 AR 眼镜，可以在观看电影时看到电影角色的相关背景信息、演员介绍、剧情解读等额外内容。这些信息如同电影的幕后花絮，为观众提供了更加深入了解电影的机会，丰富了观影体验。例如，在观看一部历史题材的电影时，观众可以通过 AR 眼镜了解电影中历史事件的背景资料、相关人物的生平事迹等，让观众更好地理解电影的内涵和意义。观众通过 AR 设备，可以在现实环境中与电影中的虚拟角色和场景进行互动，增强了观影体验。

3. 交互式体验

AR 技术使得娱乐内容更加互动和个性化。例如，2021 年迪士尼推出了基于 AR 的“迪士尼 +”应用，用户可以在家中通过 AR 技术与迪士尼角色进行互动，体验虚拟与现实的融合。

二、教育与培训领域

1. 知识可视化

AR 技术具有强大的知识可视化能力，能够将抽象、晦涩的知识概念转化为直观、形象的三维模型或动态演示。在历史教学中，AR 应用宛如一台时光机器，带领学生穿越时空，亲眼目睹古代建筑的雄伟风貌。学生可以围绕着三维复原模型进行全方位的观察，了解建筑的结构、装饰和历史背景，仿佛置身于古代文明的辉煌之中。

在物理教学中，AR 可以模拟各种复杂的物理实验，如电路连接、物体运动、光学现象等。学生通过手机或平板电脑，就可以直观地看到实验过程中的物理现象和变化规律，帮助他们更好地理解物理原理。例如，在学习电路知识时，学生可以通过 AR 应用亲手搭建电路，观察电流的流动方向、灯泡的亮灭情况等，这种直观的学习方式能够让学生更加深入地理解电路的工作原理。

2. 互动式学习

AR 为学习过程增添了丰富的互动性和趣味性，彻底改变了传统的学习模式。

（1）学生可以通过手机、平板电脑或 AR 眼镜等设备与 AR 内容进行自然交互，如点击虚拟对象获取详细信息、拖动虚拟物体改变其位置、旋转虚拟模型观察不同角度等。

此外，AR 应用还可以设计各种互动游戏和挑战，激发学生的学习兴趣和竞争意识。在学习地理知识时，学生可以通过 AR 应用参与“寻找世界名胜”的游戏，在虚拟的世界地图中寻找指定的名胜古迹，并回答相关的知识问题，这种互动式的学习方式能够提高学生的参与度和学习积极性，让学习变得更加轻松愉快。

（2）虚拟实验 AR 技术在教育领域的应用，特别是在虚拟实验方面，极大地丰富了教学手段。学生无须前往实验室，即可通过 AR 设备进行虚拟实验操作，观察实验现象，培养动手能力和科学思维。例如，2020 年华东师范大学开发了基于 AR 的虚拟化学实验平台，学生可以在虚拟环境中进行化学实验，安全且高效。

（3）虚拟课堂 AR 技术打破了传统课堂的空间限制，实现了虚拟课堂的构建。学生通过 AR 设备，可以与远程教师和同学进行实时互动，参与讨论和学习。例如 2021 年中国香港科技大学推出虚拟课堂系统，学生可以在虚拟环境中上课，体验沉浸式学习（图 1-22）。

图 1-22　虚拟课堂 AR 技术

三、医疗领域

1. 手术辅助

在手术过程中，AR 技术为医生提供了一双“透视眼”，能够将患者的医学影像，如 CT、MRI 等以三维形式精准地叠加在患者身体上。医生通过 AR 设备，可以实时、直观地看到患者体内的解剖结构，包括器官的位置、大小、形状以及血管的分布等信息。2021 年，上海交通大学医学院附属瑞金医院引入了基于 AR 的影像诊断系统，提高了影像科医生的诊断效率和准确率。

2. 疾病诊断

这项技术极大地提高了手术的准确性和安全性。例如，在进行脑部手术时，医生可以借助 AR 技术清晰地看到肿瘤与周围神经、血管的位置关系，避免在手术过程中对重要组织造成损伤，降低了手术风险（图 1-23）。同时，AR 技术还可以为医生提供手术导航，实时指引手术器械的操作方向，提高手术的精度和效率。例如 2020 年深圳市人民医院与华为合作，开展了 5G+AR 远程手术指导，成功实施了多例复杂手术。

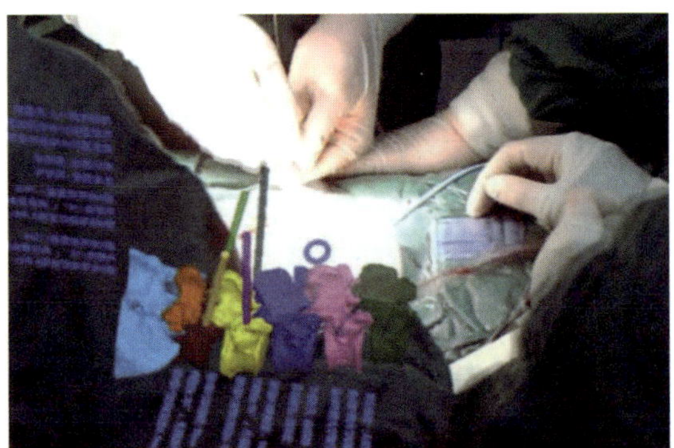

图 1-23　AR 手术辅助

3. 康复训练

AR 技术为康复患者带来了个性化、智能化的康复训练方案。通过 AR 设备，患者可以在虚拟环境中进行各种康复训练，如肢体运动训练、认知训练、平衡训练等。系统能够实时监测患者的训练情况，包括运动的幅度、速度、力量等参数，并根据患者的实际情况自动调整训练难度和内容。

在肢体运动康复训练中，患者可以通过 AR 应用与虚拟的教练进行互动，跟随教练的指导进行各种康复动作。系统会实时分析患者的动作是否标准，并给予及时的反馈和纠正。这种个性化的康复训练方式能够提高患者的康复效果，缩短康复周期。例如 2022 年德国的一家康复中心开发了基于 AR 的手部功能康复系统，患者通过完成虚拟任务，提高手部功能。

四、零售与电商领域

1. 虚拟试衣

AR 技术在零售领域的应用，特别是在虚拟试衣方面，提升了消费者的购物体验。消费者通过 AR 设备，可以在虚拟镜子前试穿服装，查看搭配效果，减少了试衣时间和决策成本。例如 2020 年阿迪达斯公司推出了基于 AR 的虚拟试鞋功能（图 1-24），消费者可以在手机上试穿不同款式的鞋子。

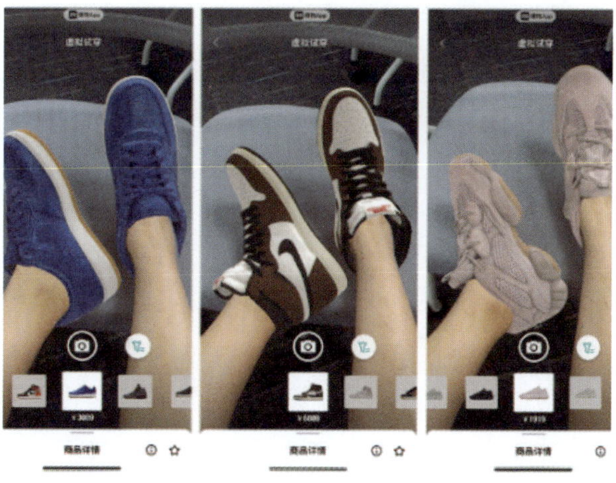

图 1-24　虚拟试鞋

2. 产品设计与展示

在产品设计阶段，AR 技术为设计师提供了一个全新的设计平台。设计师可以利用 AR 技术将设计方案以三维形式直观地呈现出来，实时查看产品的外观和结构。通过与虚拟模型进行交互，设计师可以从不同角度观察产品，进行虚拟装配和测试，提前发现设计中的问题并进行优化。

例如在汽车设计中，设计师可以通过 AR 眼镜将汽车的设计模型叠加在现实空间中，实时查看汽车的整体外观和细节设计。设计师还可以模拟汽车的行驶状态，观察车身的空气动力学性能，对设计进行优化调整。在产品展示方面，企业可以通过 AR 应用让客户更直观地了解产品的功能和特点。例如，汽车制造商可以通过AR展示汽车内部结构（图1-25）、各种功能的演示以及个性化配置选项等，让客户在购买前就能全面了解产品的优势，提高客户的购买意愿。商家利用AR技术，将产品信息和三维模型展示给消费者，增强了产品的吸引力和说服力。例如2021年，宜家集团推出了“IKEA Studio”AR应用（图1-26），消费者可以在家中通过AR技术预览家具的摆放效果，辅助购买决策。

图1-25　AR展示汽车内部结构

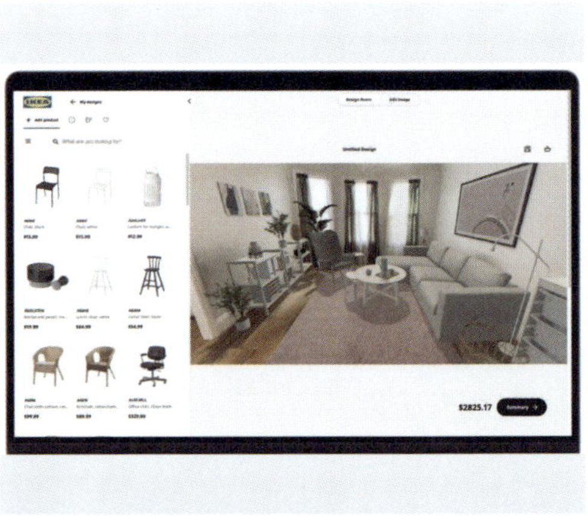

图1-26　“宜家家居”AR

3. 增强购物体验

AR技术通过提供个性化的推荐和导航服务，提升了消费者的购物体验。例如2022年丝芙兰推出了基于AR的虚拟化妆试用功能（图1-27），消费者可以在手机上试用不同的化妆品，找到最适合自己的产品。

图1-27　虚拟化妆试用

五、工业领域

1. 设备维修

AR技术可以为设备维护人员提供强大的实时指导和帮助。维修人员通过AR眼镜，可以获取设备的维修手册和故障诊断信息，提高了维修效率和准确性。例如2020年，美国通用电气公司在其风力发电设备的维护中引入了AR技术，技术人员通过AR设备获取实时的维修指导。通过AR眼镜，维护人员可以在现场实时看到设备的故障提示、详细的维修步骤以及相关的技术资料。这些信息以直观的方式呈现在维护人员的视野中，他们无须翻阅大量的纸质文档，大大提高了维修效率和准确性。

在工业设备维修中，当设备出现故障时，维护人员戴上 AR 眼镜，系统会自动识别设备的型号和故障类型，并将相应的维修步骤和技术资料以虚拟图像的形式展示在维护人员的眼前。维护人员可以按照提示进行操作，同时可以通过语音或手势与系统进行交互，获取更多的帮助和信息。此外，AR 技术还可以实现远程协作维修（图 1-28），专家可以通过远程连接维护人员的 AR 设备，实时查看现场情况并提供指导，提高维修的专业性和效率。

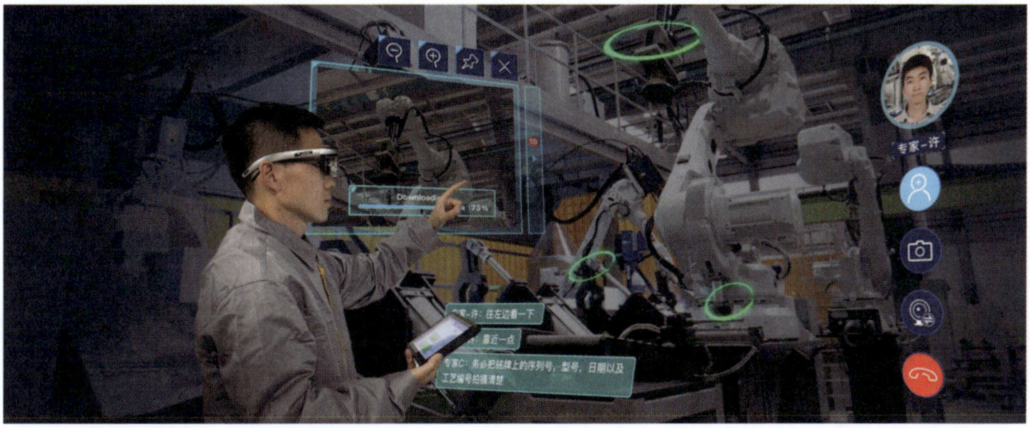

图 1-28　AR 工业辅助

2. 装配辅助

AR 技术在装配过程中提供实时指导，帮助工人正确、高效地完成装配任务。例如 2021 年，德国宝马公司在其汽车生产线上使用 AR 眼镜为工人提供装配指导，减少了错误率，提高了生产效率。

3. 增强监控

通过 AR 技术，监控人员可以在现场查看设备的运行状态和关键参数，及时发现问题并采取措施。例如在大型制造工厂中，工作人员佩戴 AR 眼镜，实时监控生产线的运行情况，确保生产过程的顺畅。

六、社交媒体与广告领域

1. 滤镜

AR 技术在社交媒体平台上广泛应用，特别是在滤镜功能上。用户可以通过 AR 滤镜改变自己的面部特征，添加虚拟元素，创造有趣的效果。抖音、Instagram 等短视频平台提供了丰富的AR滤镜，用户可以在自拍时使用。

2. 虚拟广告

广告商利用AR技术，将虚拟广告融入现实环境中，吸引消费者的注意力。例如，在街头投放的AR广告牌（图1-29），当路人用手机扫描时，会弹出品牌的虚拟形象或产品信息，增强了广告的互动性和吸引力。

图1-29 AR广告牌

七、建筑与城市规划领域

1. 虚拟导览

AR技术在建筑和城市规划领域，提供了虚拟导览功能。通过AR设备，用户可以在未建成的建筑工地上，看到建筑物的三维模型，了解设计意图。例如建公司在项目展示时，使用AR技术向客户展示未来建筑的效果。

2. 设计可视化

AR技术帮助设计师和客户直观地查看设计方案。通过将设计模型投射到现实环境中，评估设计的可行性和美观性。例如城市规划部门使用AR技术，展示城市规划方案，收集公众反馈。游客在旅游景区可以使用AR导览应用，通过手机摄像头扫描景点，即可获取关于景点的详细介绍、历史背景、文化故事等丰富信息。同时，游客还可以看到虚拟的景点复原、历史人物形象等，仿佛穿越时空，亲身感受景点的历史变迁和文化魅力（图1-30）。

图1-30 AR扫描宫殿建筑

AR技术通过对文化遗产进行三维扫描和建模，可以将文化遗产以虚拟的形式呈现出来，让更多的人可以随时随地欣赏和了解文化遗产的魅力。同时，AR技术还可以用于文化遗产的修复和保护工作。在修复过程中，修复人员可以借助AR技术查看文化遗产的原始状态和修复方案，为修复工作提供参考和指导。此外，AR 技术还可以通过虚拟展示的方式，减少对文化遗产的实际触摸和参观压力，有利于文化遗产的长期保护。

第四节 增强现实技术的未来

AR 技术正处于快速发展阶段，其未来发展趋势将深刻影响人机交互方式、信息获取模式以及各行业的工作流程。下面从硬件技术、软件与算法、应用场景等方面探讨 AR 技术在近期和中长期的发展方向，以及面临的挑战与解决路径。

一、硬件技术的革新

硬件作为 AR 技术的基础，其发展决定了应用的上限。从佩戴的便捷性到感知的敏锐性，AR 设备正经历一场全面的技术革新。

（1）轻量化与日常可穿戴性。当前 AR 头显设备普遍存在体积和质量大的问题，限制了长时间使用的舒适性。未来 AR 设备将朝着轻量化、小型化方向发展，目标是实现与普通眼镜相近的佩戴体验。预计在未来 3～5 年内，AR 眼镜的质量将降至 100g 以下，电池续航时间将提升至全天候使用水平，使 AR 设备能够更方便地融入人们的日常生活。

（2）显示技术的突破。微型显示技术是 AR 设备的核心。未来的发展趋势包括：实现每只眼睛 4K 甚至 8K 分辨率的高分辨率微型显示器，提供更清晰的视觉体验；将视场角（FOV）从当前普遍的 30°～50° 扩展至 90° 以上，接近人眼自然视场，带来更广阔的视野；采用焦平面调节技术，解决虚拟物体焦距固定导致的视觉疲劳问题；发展全息显示技术，提供更自然的光场显示，减少眼睛疲劳，提升视觉效果的真实感。

（3）感知能力的增强。未来 AR 设备将集成更多传感器，实现更强大的环境感知能力。具备高精度空间定位，达到厘米级甚至毫米级的定位精度；能够识别和理解复杂场景中的对象、空间结构及语义信息，实现复杂环境理解；根据用户行为、环境变化自动调整 AR 内容呈现方式，实现情境感知；结合视觉、听觉、触觉等多种感知方式，通过多模态传感器融合，提供更全面的交互体验。

二、软件与算法的进步

如果说硬件决定了 AR 的“形”，那么软件与算法则赋予其“魂”。新一代智能算法和计算架构正在为 AR 带来更强的理解力与创造力。

（1）AI 与 AR 的深度融合。AI 技术将成为 AR 发展的重要驱动力。实现更准确、低延迟的实时物体识别与追踪技术；借助 AI 实现场景语义理解和三维重建，提升场景理解与重建能力；基于用户习惯和环境生成适应性内容，实现个性化内容生成；通过自然语言处理技术实现更自然的人机对话，让用户与 AR 系统的交互更加便捷、流畅。

（2）云·边·端协同计算架构。未来 AR 系统将依靠分布式计算架构，实现性能与效率的平衡。利用边缘计算在靠近用户的网络边缘处理实时数据，以此降低延迟；将复杂计算和大数据处理放在云端执行，实现云端协同；在设备本地实现基本交互和关键功能，确保核心功能不受网络影响，保障用户体验。

（3）开发工具与平台的成熟。 AR 内容创作门槛将持续降低。可视化开发工具的普及，使无代码或低代码开发平台成为现实；形成跨平台内容开发标准，即标准化接口与协议，方便开发者进行跨平台开发；借助 AI 辅助实现快速内容生成和优化工具，即智能内容创作辅助，提高内容创作效率和质量。

三、应用场景的拓展与深化

技术的进步只有与实际需求结合，才能发挥真正价值。AR 正在不断渗透到人们的工作与生活场景中，推动产业转型与生活方式变革。

（1）从专业应用到日常使用。AR 技术将从当前的垂直行业应用向日常生活场景扩展。构建 AR 云，实现城市级 AR 内容覆盖，提供无处不在的信息增强服务；发展社交 AR，重塑远程社交互动方式，创造共享虚拟体验；将导航、翻译、购物辅助等实用功能融入日常决策，成为人们生活的智能助手。

（2）产业融合与转型。AR 将与各行业深度融合，催生新的工作流程和商业模式。在工业 4.0 中，辅助设计、生产、维护全流程；在医疗健康领域，用于手术辅助、远程诊疗、医学教育；在教育培训方面，打造沉浸式学习环境、进行技能培训模拟；在零售行业，创造线上线下融合的购物新模式。

（3）元宇宙生态的基础设施。AR 将作为连接物理世界与数字世界的重要接口。实现数字资产与实体空间映射，将虚拟物品与现实空间绑定；构建持久性 AR 层，在物理世界之上覆盖永久性数字内容；支持多用户共享体验，实现同一物理空间中的多人 AR 互动，为元宇宙生态的发展提供支撑。

四、面临的挑战与解决路径

尽管 AR 技术前景光明，但仍面临技术、社会和制度等多方面的制约。只有正视这些问题，才能推动其健康可持续发展。

（1）技术挑战。尽管发展前景广阔，AR 技术仍面临诸多技术瓶颈。电池技术需要突破能源密度限制，以提供全天续航；光学系统要解决高透明度、大视场角与小型化的矛盾；高性能计算带来的发热问题需要有效的热管理方案；实时 AR 内容传输对网络带宽提出更高要求，需要更高速、稳定的网络支持。

（2）社会与伦理挑战。AR 技术大规模应用将引发一系列社会问题。在隐私保护方面，需要平衡环境感知与个人隐私；避免信息过载，防止用户注意力分散和认知负担过重；缩小数字鸿沟，确保技术惠及各阶层人群；平衡虚拟增强与现实生活的关系，避免用户过度沉浸在虚拟世界而逃避现实。

（3）标准与生态建设。健康的 AR 产业发展需要统一的技术标准，实现跨平台内容共享与互操作性；构建开放生态系统，避免技术垄断，促进创新；更新法律法规框架，以适应 AR 应用场景的多样化发展。

五、发展时间线预测

从当下到未来十年，AR 技术的发展将呈现出阶段性特征。明确各时期的发展重点，有助于我们把握技术演进的脉络和趋势。

（1）近期（1～3 年）。近期更轻便的 AR 眼镜将问世，但仍以辅助设备为主；移动设备 AR 应用进一步普及，成为智能手机标配功能；特定行业解决方案更加成熟，如工业维护、医疗辅助等领域的 AR 应用将得到更广泛应用。

（2）中期（3～5 年）。中期日常可穿戴 AR 眼镜将进入消费市场，逐渐被大众接受；城市级 AR 云基础设施建设启动，为 AR 应用提供更强大的支持；AR 成为部分工作岗位的必备工具，提高工作效率和质量；多人协作 AR 应用场景逐渐成熟，促进团队协作和沟通。

（3）远期（5～10 年）。远期 AR 设备有望成为智能手机之后的下一代计算平台，深度融入人们的生活；虚实融合的生活方式普及，改变人们获取信息、交流互动的方式；行业流程因 AR 技术重塑，推动各行业的数字化转型；AR 与 AI、物联网深度融合，形成新的技术范式，创造更多创新应用和价值。

总之，AR 技术正站在从实验室走向大众市场的临界点。在技术突破、应用创新与社会需求的共同推动下，AR 将在未来十年内逐步改变人类获取信息、交流互动和工作生活的方式。对于设计师和开发者而言，理解这些发展趋势，不仅有助于把握技术演进方向，更能启发创新思维，设计出更符合未来需求的 AR 体验和应用。

CHAPTER 2 GETTING STARTED WITH AUGMENTED REALITY DESIGN TOOLS AND PLATFORMS

第二章

增强现实设计工具与平台入门

02

第一节　增强现实内容创作软件

在 AR 技术蓬勃发展的当下，丰富多样的创作工具与平台为开发者和创作者们提供了强大的支持，使得 AR 内容的制作变得更加高效和便捷。依据 Kress 和 van Leeuwen 的视觉语法理论，AR 创作工具的本质是构建多模态符号系统的技术中介。其功能架构需满足再现意义（三维空间表征）、互动意义（用户与虚拟对象的关系设计）、构图意义（虚实场景的视觉平衡）三个维度。本章从工具链生态、技术参数、应用范式三个层面展开介绍，具体将详细介绍几款主流的 AR 内容创作软件、3D 建模与动画工具以及 AR 开发平台，帮助读者深入了解它们的功能和应用。

一、像塑-抖音 AR 特效开放平台

在抖音上看到的那些令人眼花缭乱、趣味十足的 AR 特效，其幕后功臣便是像塑-抖音 AR 特效开放平台。它是北京字节跳动网络技术公司推出的强大创作平台，极大地推动了 AR 特效在大众间的广泛传播与应用。该平台依托字节跳动先进的技术实力，为创作者提供了丰富多元的创作可能，自推出后便吸引了海量创作者入驻，创作的特效被亿万用户使用，在短视频领域掀起了 AR 特效的热潮。

要使用像塑-抖音 AR 特效开放平台进行创作，创作者需先访问其官方网站（图 2-1）。在网站上，平台为创作者提供了详尽的创作指南，涵盖从基础功能介绍到高阶创作技巧的内容。创作者可以依据自身需求，选择适合的创作工具进行下载。平台支持多种操作系统，无论是常用的 Windows 系统，还是苹果的 Mac OS 系统，都能顺畅运行相关创作软件。平台移动版原名“特效君”，支持安卓和 iOS 操作系统，提供简单易用的入门访问途径，即便是零基础用户也能快速上手。桌面版（像塑专业版）适用于创作者进行更复杂的特效制作，由网页版或客户端形式呈现，适合设计师和开发者下载使用。下载安装完成后，启动软件，映入眼帘的便是简洁且功能明晰的操作界面。创作者既可以选择新建项目，开启全新的特效创作之旅；也能浏览平台提供的丰富现有模板，获取灵感或在模板基础上进行个性化修改。

图 2-1　像塑官网主界面

在项目管理与资源导入方面，像塑－抖音 AR 特效开放平台的操作极为便捷。创作者能够轻松创建新项目，为项目命名并设置相关属性。同时，平台支持导入多种格式的资源，像常见的图片、视频以及精心制作的 3D 模型等都可顺利导入。像塑创作流程分为新建特效、素材导入、场景编辑、交互逻辑设计、实时预览与调试、发布与变现几个主要阶段。

（1）素材导入场景与编辑。创作者可以导入图片、贴纸、模型、音频等素材，通过工具界面对元素进行位置、缩放、透明度、材质等属性的调整，构建虚实融合的 AR 场景。

（2）交互逻辑设计。支持设置触发条件（如扫码、手势动作、点击屏幕或直播互动触发），通过节点编程或可视化设置，定义特效与用户之间的交互行为（触发动画、变形、AI 风格融合等）。

（3）实时预览与调试。创作过程中可通过移动端实时预览特效效果，便于即时调试与优化，提升制作效率。

（4）发布与变现。提交审核通过后，特效将上线像塑－抖音 AR 特效开放平台，被推荐给广大用户，创作者可通过流量分成和平台结算实现商业回报。

像塑－抖音 AR 特效开放平台具备多项突出能力，广泛应用于短视频、品牌营销与社交互动等场景。依托抖音庞大的用户基础，创作的特效内容易于获取推荐与传播，显著提升曝光率与用户互动。同时，平台构建了完善的变现机制，从创意制作到收益结算实现闭环，支持快速提现。像塑支持面部贴纸、形变滤镜、互动小游戏、直播特效等多种创作模式，广泛应用于短视频内容、品牌营销与社交互动等场景。例如，美妆品牌可制作口红试色滤镜，用户在短视频中实时试妆；直播商家可设计扫码触发的互动特效；创作者则能开发趣味小游戏特效，增强观众参与（图 2-2）。

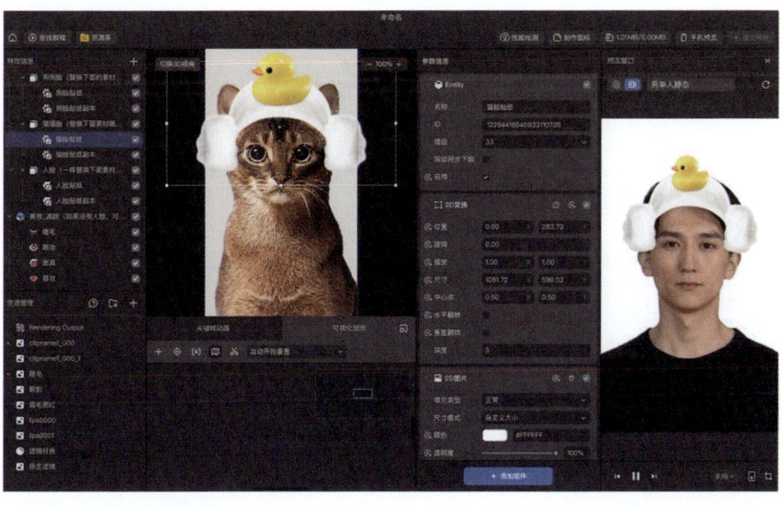

图 2-2　像塑特效制作界面

二、Adobe Aero

Adobe Aero 是美国 Adobe 系统公司推出的增强现实创作工具，继承了 Adobe 系列软件的强大功能和易用性，适用于各种创意领域，能满足不同的创意需求，旨在让设计师和开发人员无须编写代码即可创建互动式 AR 体验。

它的独特优势很明显，丰富的创意工具是一大亮点。它支持导入 Adobe 其他软件（如 Photoshop、Illustrator）创建的工程，设计师能充分利用自己已有的设计资源。比如在 Photoshop 中精心绘制的插画，可以无缝导入 Adobe Aero 中，并快速转化为 AR 内容（图 2-3）。软件还提供了各种材质、光影效果的调整工具，方便创作者打造逼真的虚拟场景。

Adobe Aero 的操作流程也十分便捷，界面简洁直观，即使没有编程经验的创作者也能快速上手。它采用了类似 Adobe 其他软件的图层管理方式，方便对不同元素进行分层管理和编辑。通过简单的拖拽和设置，就能实现元素的动画效果和交互功能。例如，创建一个物体的移动动画，只需在时间轴上设置起始和结束关键帧，然后调整物体的位置即可（图 2-4）。

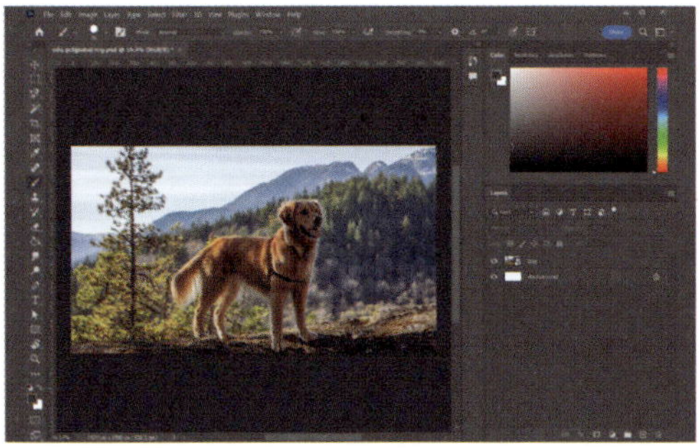

图 2-3　Photoshop 图层界面

图 2-4　Adobe Aero 官网介绍页面

在 Adobe Aero 中创建 AR 场景很简单。可以先选择一个基础的场景模板，如室内场景、户外场景等，再根据需求定制。接着，把准备好的 3D 模型、图片、视频等元素导入场景，调整它们的位置、大小和角度。比如创建 AR 家居展示场景，就能导入家具模型并布置在房间内，调整灯光效果，营造逼真的家居氛围。

为了让 AR 场景更具吸引力和互动性，还可以添加各种交互功能。例如设置点击事件，当用户点击某个物体时，弹出相关的信息介绍；或者添加滑动手势，用户通过滑动屏幕切换不同的展示内容。在制作 AR 产品宣传场景时，用户点击产品模型，就能看到产品的详细参数和使用方法介绍。Adobe Aero 的应用场景广泛，在品牌营销、教育培训、艺术展示等领域都有出色表现。例如在品牌营销中，品牌商可以创建品牌故事或产品展示的 AR 体验，吸引用户参与。

三、Vuforia Engine

Vuforia Engine 是由美国参数技术公司（PTC 公司）推出的一款领先的 AR 开发平台，在各种行业广泛应用，帮助开发者创建丰富、互动的 AR 体验。它融合了先进的计算机视觉技术，支持多种设备和平台，是全球受欢迎的 AR 开发工具之一（图 2-5）。

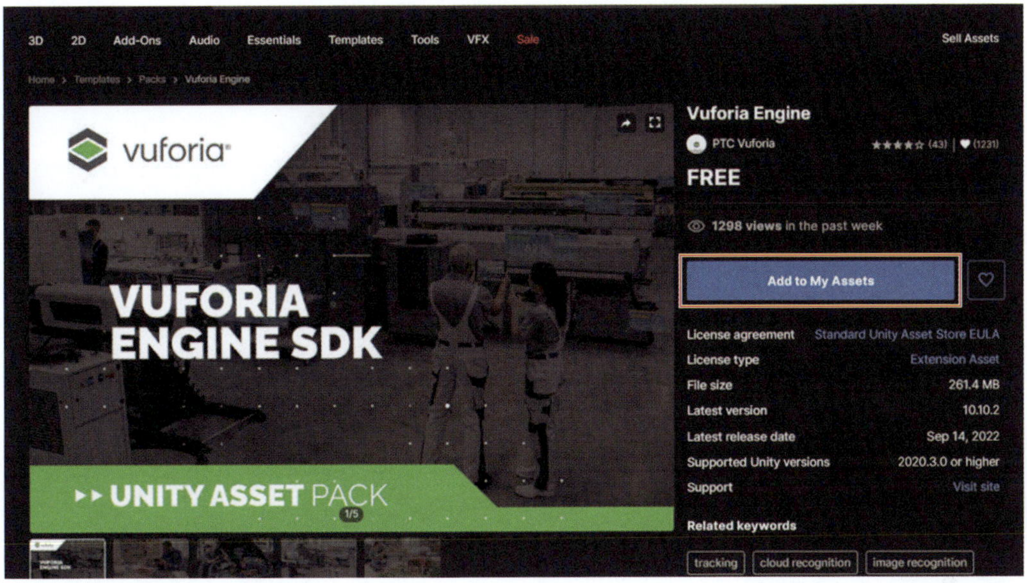

图 2-5　Vuforia Engine 介绍界面

该平台的核心作用主要体现在图像识别和目标跟踪上。它的图像识别功能非常强大，能快速准确地识别各种图像，包括平面图像、纹理图像等。在教育领域的 AR 图书应用中，学生扫描图书上的图片，就能看到与之相关的 3D 动画、视频讲解等内容，让学习过程更加生动有趣。它的目标跟踪能力也很出色，一旦识别到目标物体，它就能够持续跟踪物体的位置和姿态变化，确保 AR 内容与目标物体稳定交互。在工业领域的设备维修应用中，维修人员扫描设备，Vuforia Engine 可以实时跟踪设备的位置和角度，将虚拟的维修步骤和提示信息准确地叠加在设备上，方便维修人员操作。

使用 Vuforia Engine 进行 AR 开发，首先要在 Vuforia 官网创建账号，并上传用于识别的图像或物体数据。然后在开发环境（如 Unity、Android Studio 等）中集成 Vuforia Engine 的 SDK。在代码编写过程中，通过调用 Vuforia Engine 提供的 API 来实现图像识别和目标跟踪功能。例如在 Unity 中开发 AR 应用，需要在脚本中引用 Vuforia 的命名空间，然后使用相关的类和方法来初始化识别目标、设置跟踪参数等。它的图像识别和目标跟踪功能基于先进的计算机视觉算法，通过对图像的特征提取和匹配来识别目标物体，在跟踪过程中利用多帧图像之间的特征点关联和运动估计，实现对目标物体位置和姿态的实时跟踪。同时，采用一系列优化技术，如图像预处理、特征点筛选等，提高了识别和跟踪的准确性及稳定性。

在 AR 应用开发中，Vuforia Engine 有很多使用技巧和优势。它与 Unity 的集成非常紧密，提供了丰富的功能和目标，使 AR 开发过程更加灵活。开发者可以利用 Unity 的强大功能，快速构建和部署 AR 应用（图 2-6）。它还支持多种平台，包括 iOS、Android、Windows 10，以及各种 AR 头戴设备，如 Microsoft HoloLens（图 2-7）和 Magic Leap（图 2-8），这使得开发者可以为不同的设备创建兼容的 AR 应用，扩大受众范围。其提供的先进计算机视觉技术，在各种环境下都能提供可靠准确的 AR 体验，无论是光线充足的室内，还是复杂的户外环境。Vuforia 还提供了广泛的开发者资源，包括详细的文档、教程、论坛和示例项目，帮助开发者快速上手，解决开发过程中遇到的问题。并且它提供多种授权选项，包括免费版和商业版，免费版适用于个人开发和小型项目，商业版则提供更多高级功能和技术支持，满足企业级应用的需求。

图 2-6　Unity 介绍界面

图 2-7　Microsoft HoloLens

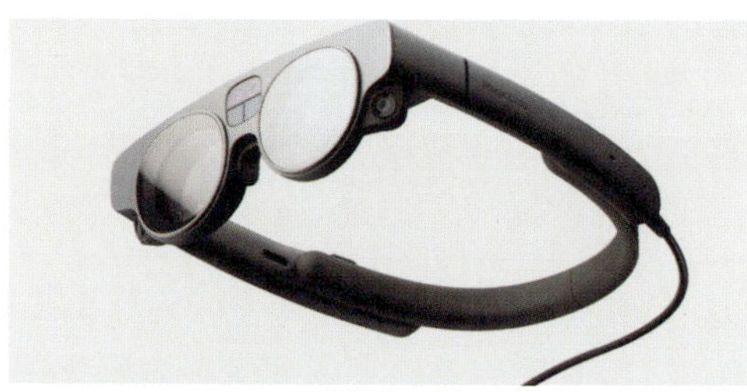

图 2-8　Magic Leap

Vuforia Engine 的跨平台能力使其在移动端和 AR 眼镜上的兼容性表现出色。在移动端，它支持主流的移动操作系统，包括 iOS 和 Android。开发者可以使用相同的代码库，针对不同的设备进行优化，确保 AR 应用在各种移动设备上时流畅运行。在 AR 眼镜支持方面，它也支持多种 AR 头戴设备，如 Microsoft HoloLens 和 Magic Leap。这些设备提供了不同的交互方式和体验，开发者可以根据应用需求选择合适的硬件平台。而且 Vuforia Engine 会根据不同设备的硬件特性，自动调整性能和功能。例如在 HoloLens 上，它能够利用其空间映射和位置跟踪系统，提供稳定的目标姿势跟踪。

四、Kivicube、云观博、阿里钉钉 AR

1. Kivicube

Kivicube 是由成都弥知科技有限公司（简称弥知科技）推出的微信小程序及 WebAR 低代码开发平台，旨在让非专业开发者也能快速构建 AR 应用，覆盖教育、文旅、展览、零售等多个行业。它的核心功能很实用，如平面识别与跟踪功能支持二维码、图片、模型目标识别，一键就能绑定虚拟内容；场景化组件丰富，内置 3D 模型、粒子特效、交互热点、脚本播放等常用交互模块；可视化编辑器采用拖拽式界面，参数调整实时预览，无须复杂编码；多平台部署能力也很强，除微信小程序、H5 外，还支持快应用、企业微信等多种载体。“AR 潮玩带你遨游新宇宙”是 RelaZzz 工作室利用 Kivicube 为多款潮玩 IP 定制的元宇宙小程序。用户打开微信小程序，就能在平面海报上触发 3D 角色复现，角色可与用户合影、触发动画和音效，体验连贯且低延迟，单条信息流播放量超 40 万。Kivicube 的设计亮点突出，极简门槛，将复杂的 SLAM、3D 渲染与交互逻辑封装为组件，产品经理或设计师无须编程即可完成 AR 原型并部署；轻量化体验，运行于微信小程序，无须用户额外安装 App，即开即用；内容二次迭代方便，支持热更新整套 3D 资源与交互脚本，线上漏洞修复与内容优化实时生效。目前，Kivicube 平台上已有超过 2000 家企业 / 机构用户，累计小程序用户浏览量超过 5 亿次，覆盖文旅、教育、零售等领域（图 2-9）。

图 2-9　Kivicube 在线操作界面

2. 云观博

云观博由苏州和云观博数字科技有限公司开发，是国内首款基于移动端的博物馆 AR 智慧导览应用，致力于打通线上和线下，“让文物活起来”。它的核心模块包括文物识别，基于图像识别与 SLAM（即时定位与地图构建），用户对准展品即可触发 3D 复原动画与多媒体解说；情景空间体验，通过室内定位与虚拟导览点，用户走近指定区域自动弹出解说或交互任务；互动合影，提供与虚拟历史人物或文物场景合影功能，并可一键分享到社交平台；数据后台，采集用户浏览路径、停留时长与交互记录，为博物馆运营与展陈优化提供数据支持。

3. 钉钉 AR

阿里巴巴集团的钉钉在“钉钉春雷”计划中推出了一体化的 Dingtalk Work Space（平行协同空间），与 Nreal（现称 XREAL，全称深圳太若科技有限公司）等 AR 眼镜厂商合作，将 AR、VR、AI 等技术引入企业协同，旨在构建“随身携带的数字化办公空间”。其主要功能有多屏并行，在 AR 眼镜中同时显示消息列表、文档窗口、视频会议画面等，可用手势、头控或蓝牙键盘操作；第一视角远程协作，现场佩戴者可将视角直播给远程专家，专家在视频流上标注内容后，AR 端即刻呈现辅助箭头与说明；虚拟会议室，将线下会议室扩展为可定制的虚拟场景，参会者可以在空间中自由排布屏幕与白板；安全与隐私方面，由于显示内容仅在佩戴者视野内可见，提升了在公共场所查看敏感文件时的信息安全性。钉钉 F1 视频会议一体机与 AR 眼镜结合，已在制造、医疗、教育培训等行业开展试点。

制造业可用其进行远程指导与设备维护；医疗领域可用于手术示教；教育培训可进行沉浸式教学演示。钉钉 AR 方案借助亿级用户基础形成 “即插即用” 的门槛优势。公开数据表明，首批部署客户中，医院、制造企业的远程协作效率平均提升 25%，培训满意度提高 30%（图 2-10）。

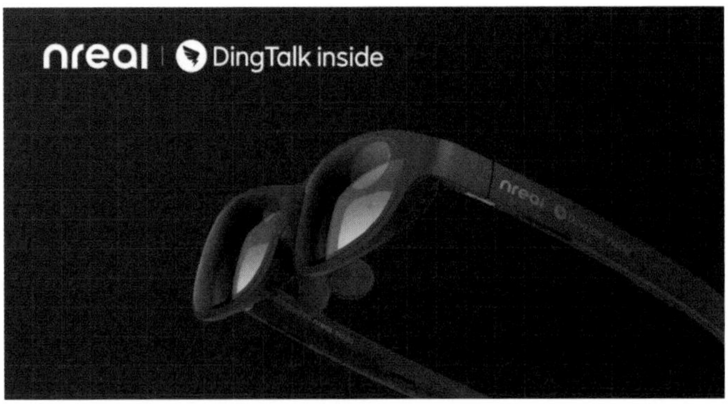

图 2-10　钉钉 AR

第二节 3D 建模与动画工具

一、Blender

Blender 是一款完全开源的 3D 建模与动画软件（图 2-11），这意味着用户可以免费使用它的全部功能，还能自由查看和修改源代码。全球很多开发者和艺术家都参与到它的开发和改进中，不断给它增添新功能、优化性能。而且它具有良好的跨平台性，能在 Windows、Mac OS、Linux 等多种操作系统上稳定运行，无论是个人创作者、小型团队还是教育机构，都能利用它进行 3D 内容创作，大大降低了创作成本和技术门槛，所以在全球拥有广泛的用户群体。

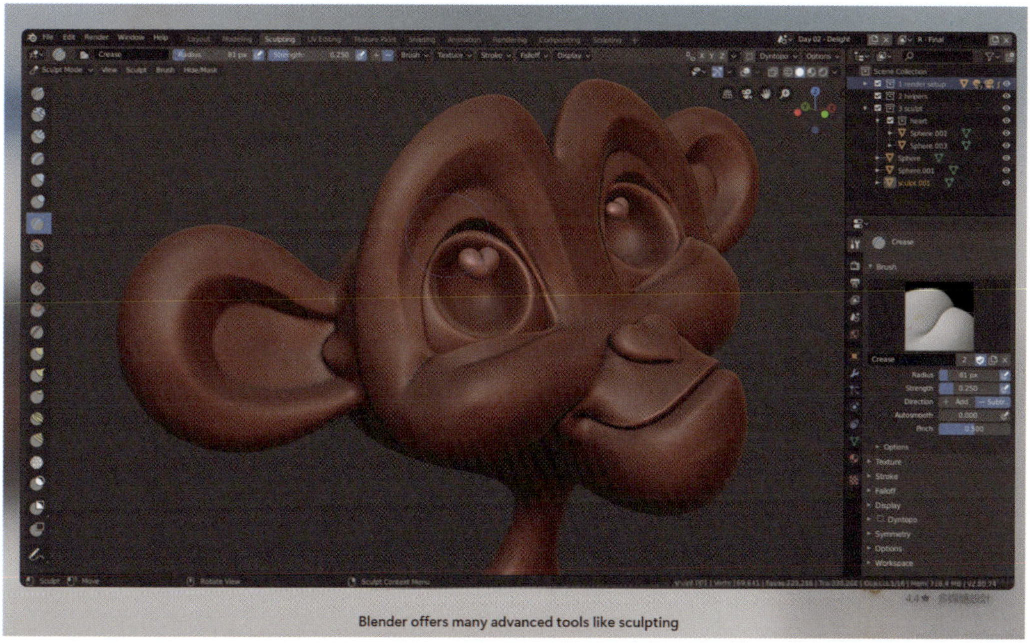

图 2-11　Blender 界面

Blender 的 3D 建模工具集非常全面，涵盖了多边形建模、曲面建模、雕刻建模等多种建模方式。在多边形建模方面，Blender 的编辑模式下有各种高效工具，像挤出、环切、倒角、细分等，可以快速构建出复杂的几何形状。曲面建模时，它支持 NURBS 和贝塞尔曲线，方便创建光滑的曲面模型，适合制作有机物体和工业产品设计。雕刻建模功能更是有趣，用户可以像雕塑家一样，通过笔刷直接在模型表面进行雕刻和塑造，添加细节和纹理，常用于角色建模和艺术创作。比如创建一个科幻机器人模型，先使用多边形建模工具搭建基本框架，再用雕刻工具添加表面的机械细节和纹理，最后通过曲面建模对光滑部件进行优化，让模型更加精致逼真。

Blender 的动画与渲染功能也很强大。动画系统具备关键帧动画（图 2-12）、骨骼动画（图 2-13）、形状动画（图 2-14）等多种动画方式，还有直观的动画时间轴和曲线编辑器，方便用户进行动画制作和调整。用户可以为物体设置关键帧，控制其在不同时间点的位置、旋转和缩放等属性，软件会自动生成中间的过渡帧，实现流畅的动画效果。在角色动画制作中，通过为角色绑定骨骼，调整骨骼的动作姿态，再结合蒙皮权重的设置，使角色模型能够跟随骨骼自然运动。它内置的 Cycles 渲染器（图 2-15）是一款基于物理的渲染引擎，能够生成高质量的渲染图像，支持光线追踪、全局光照、次表面散射等先进的渲染技术，能够真实地模拟光线与物体的交互，为模型赋予逼真的材质和光影效果。而且 Blender 还支持第三方渲染器的集成，像 Octane Render（图 2-16）、Redshift（图 2-17）等，用户可以根据项目需求选择合适的渲染器，进一步提升渲染质量和效率。

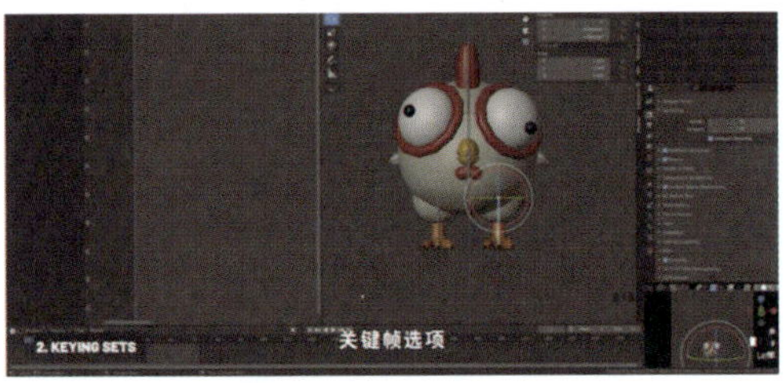

图 2-12 关键帧动画

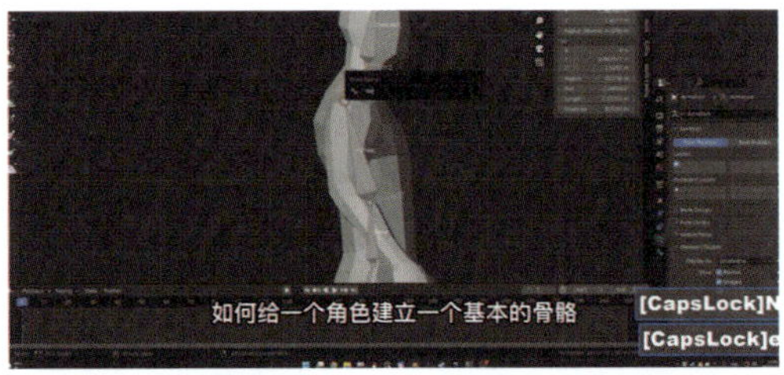

图 2-13 骨骼动画

图 2-14 形状动画

图 2-15 Cycles 渲染器

图 2-16 Octane Render 渲染器

图 2-17 Redshift 渲染器

一些独立开发者或小型工作室在开发 AR 应用时，会用 Blender 创建所需的 3D 模型和动画内容。Blender 的渲染功能可以为模型添加逼真的材质和光影效果，让虚拟内容更加生动形象。由于无须支付软件授权费用，大大降低了项目的开发成本。在独立 AR 游戏开发领域，许多游戏开发者用它进行游戏的角色、场景和道具建模，以及动画制作和渲染。

对于初学者而言，Blender 官方网站上有详细的用户手册、在线文档和视频教程。用户手册深入讲解了软件的各个功能和操作，还配有清晰的图示和示例，方便快速查找和学习。在线文档会实时更新，提供最新的软件功能介绍和使用说明。官方视频教程从基础入门到高级进阶，通过实际操作演示，帮助用户逐步掌握 Blender 的使用技巧。此外，Blender 官方网站的学习资源板块还推荐了不少优秀的第三方学习资料和课程。在 Blender Artists 论坛上，用户能找到各种类型的教程，从基础建模到复杂的动画制作和渲染技巧都有涵盖。许多创作者还会分享自己的作品和制作过程，从中可以学习到不同的创作思路和方法。B 站等视频分享平台上也有众多 Blender 教程视频，风格和侧重点各不相同，用户可以根据自己的需求和喜好选择观看学习。社区成员之间的交流和分享营造了良好的学习氛围，促进了 Blender 用户技能的提升（图 2-18）。

Blender 社区还开发了大量的插件和资源库，为创作提供便利。在 Blender Market（图 2-19）等网站上，能找到各种功能强大的插件，如建模辅助插件、动画增强插件、渲染优化插件等，这些插件可以扩展 Blender 的功能，提高工作效率。网络上还有许多免费的 Blender 资源库，提供丰富的 3D 模型、材质、纹理、动画预设等资源，可以下载并应用到自己的项目中，节省大量的建模时间。

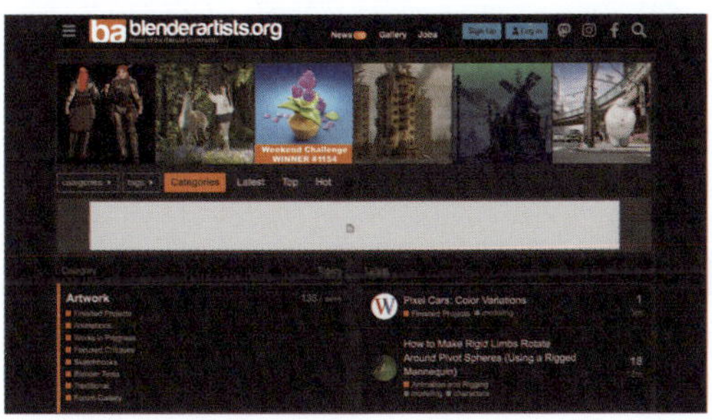

图 2-18　Blender Artists 论坛

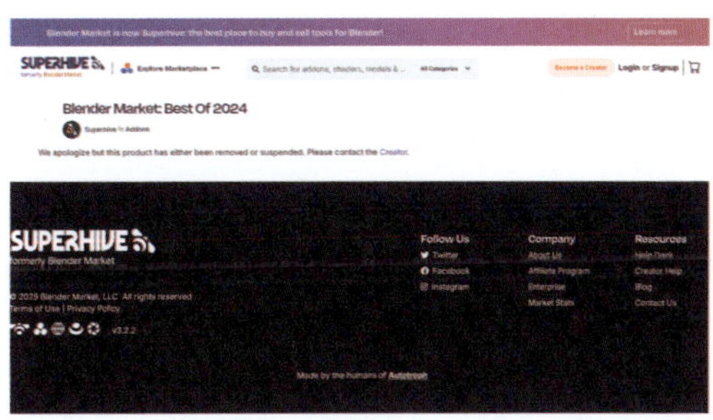

图 2-19　Blender Market 网站

二、Maya

Maya 是一款在 3D 建模与动画设计领域极具专业性的软件，被广泛应用于影视、游戏、动画等多个行业，在 AR 项目中也有着重要的地位（图 2-20）。它在曲面建模方面优势显著，其 NURBS 曲面建模工具能够创建出极其光滑和精确的曲面模型，特别适合用于塑造有机形态的物体，像生物角色、汽车车身等。以创建恐龙角色模型为例，使用

NURBS 曲面建模工具，设计师可以先绘制出恐龙身体的大致轮廓曲线，再通过调整控制点的位置和权重，使恐龙的身体曲线更加流畅自然，塑造出肌肉的起伏和皮肤的褶皱。而且 Maya 还支持将多个 NURBS 曲面进行拼接和融合（图 2-21），能够轻松创建出复杂的有机形态结构，满足 AR 项目中对高精度有机模型的需求。

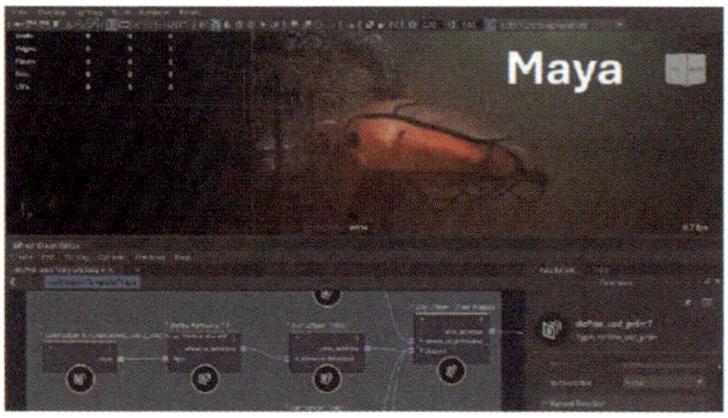

图 2-20　Maya 界面图

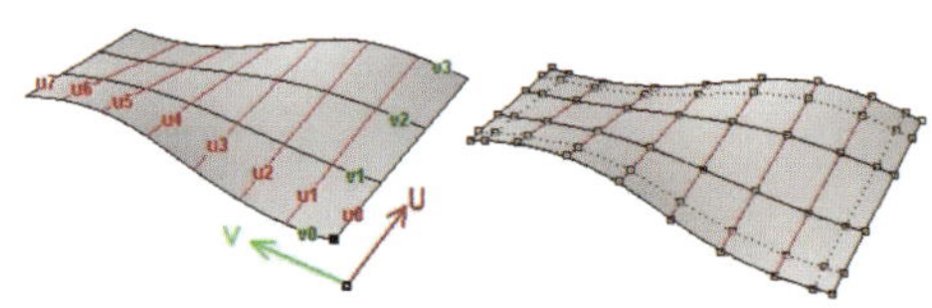

图 2-21　NURBS 曲面

Maya 的角色绑定与动画系统也十分强大。它能够为角色创建骨骼系统，并将模型与骨骼进行精准绑定，实现自然流畅的角色动画效果。开发者利用内置的骨骼创建工具，能快速搭建出符合角色结构的骨骼，然后通过蒙皮权重的调整，使模型能够随着骨骼的运动而产生合理的变形。在动画制作方面，Maya 提供了关键帧动画、非线性动画、路径动画等多种动画方式，并且具备强大的动画曲线编辑器。比如在制作角色行走动画时，通过关键帧设置角色在不同时间点的动作姿态，再利用动画曲线编辑器对动作的速度、节奏进行精细调整，使角色的行走动作更加真实自然。此外，Maya 还支持动作捕捉数据的导入和处理，能够将真实的动作数据应用到虚拟角色上，进一步提升动画的真实感和效率。

Maya 自带的 Arnold 渲染器是一款高性能的物理渲染引擎，能够生成具有照片级真实感的渲染效果（图 2-22）。它支持多种渲染特性，如光线追踪、全局光照、次表面散射等，能够准确模拟光线在不同材质表面的反射、折射和散射现象，为模型赋予逼真的材质和光影效果。对于一些对视觉效果要求较高的场景，如产品展示、虚拟博物馆等，使用 Arnold 渲染器可以使虚拟内容更加真实可信，增强用户的沉浸感。同时，Maya 还拥有丰富的特效制作功能，包括流体模拟、粒子系统、布料模拟等。利用流体模拟可以创建逼真的火焰、烟雾、水流等效果；粒子系统可用于制作雨、雪、爆炸等场景；布料模拟能实现衣物、旗帜等物体的自然飘动效果。这些特效功能为 AR 内容增添了更多的视觉冲击力和趣味性（图 2-23）。在游戏设计中，Maya 的动画系统可以为角色设计丰富多样的动作，包括战斗动作、行走奔跑动作等，让角色在游戏中更加生动鲜活。在场景开发方面，Maya 可以创建复杂的地形、建筑和道具，如神秘的城堡、茂密的森林等。

玩家使用 AR 设备进入游戏时，能够看到虚拟角色和场景与现实环境相结合，实现独特的游戏体验。

图 2-22 Arnold 渲染器

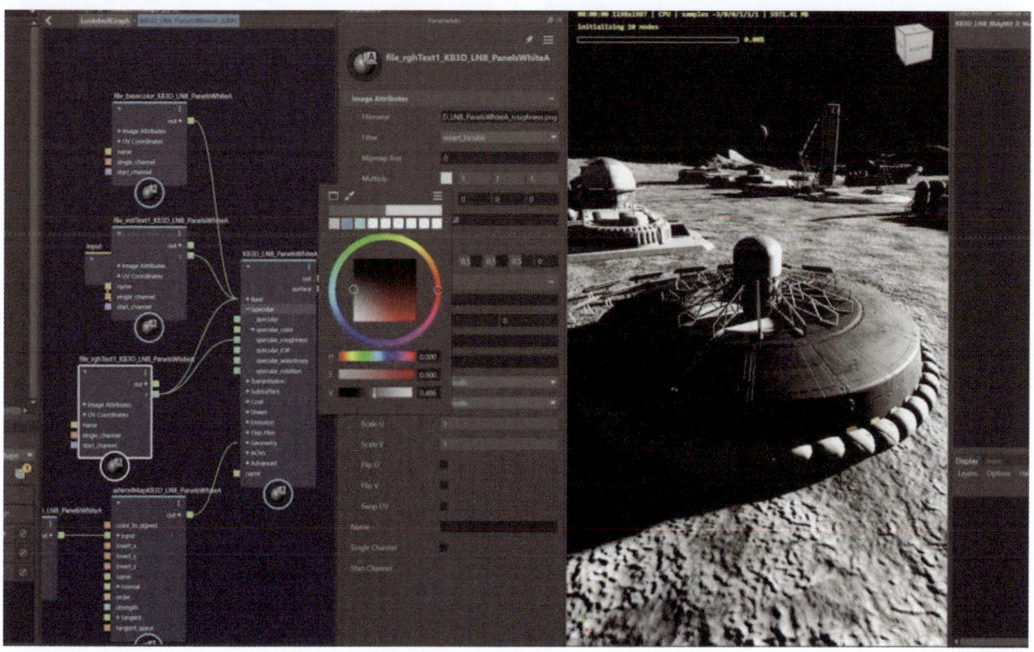

图 2-23 特效功能

Autodesk 官方为 Maya 提供了全面且专业的学习资料，包括详细的用户手册、在线帮助文档以及视频教程（图 2-24）。用户手册系统地讲解了 Maya 的各个功能模块和操作流程，从基础的界面认识到高级的建模、动画、渲染技巧都有涉及，并且配有丰富的示例和图表，方便查阅和学习。在线帮助文档实时更新，能解答用户在使用过程中遇到的各种问题。此外，Autodesk 还推出了 Maya 的学习路径规划，根据用户不同的需求和水平，提供个性化的学习建议和课程推荐，助力逐步提升技能。

Maya 拥有活跃的专业论坛和社区，如 CG Society 论坛（图 2-25）、Blend Swap 网站（图 2-26）等。在这些平台上，用户可以分享自己的作品、交流使用经验和技巧，参与各种技术讨论和项目合作。社区中还分享了大量的开源项目、模型资源和插件工具，用户可以下载使用，丰富自己的创作资源，提高工作效率。这些论坛和社区还会定期举办各种竞赛和活动，如建模比赛、动画挑战赛等，鼓励用户展示自己的才华，促进技术交流和创新，为 Maya 用户提供了一个良好的学习和交流平台。Maya 还拥有强大的插件，如建模辅助插件、动画增强插件、渲染优化插件等，这些插件可以扩展 Blender 的功能，提高工作效率。网络上还有许多免费的 Blender 资源库，提供丰富的 3D 模型、材质、纹理、动画预设等资源，用户可以下载并应用到自己的项目中，节省大量的建模时间。

图 2-24　Autodesk 官方网站

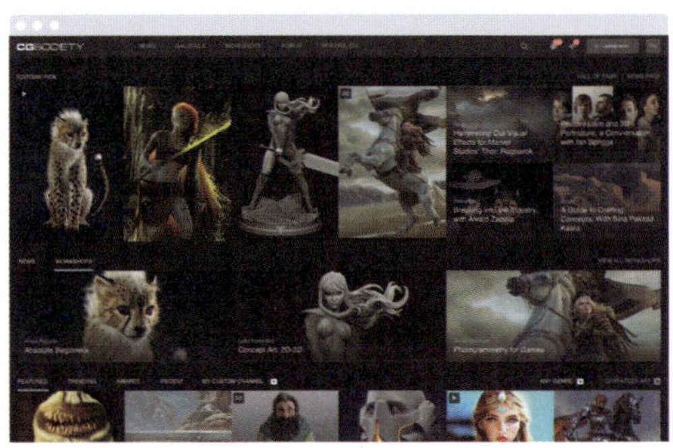

图 2-25　CG Society 论坛

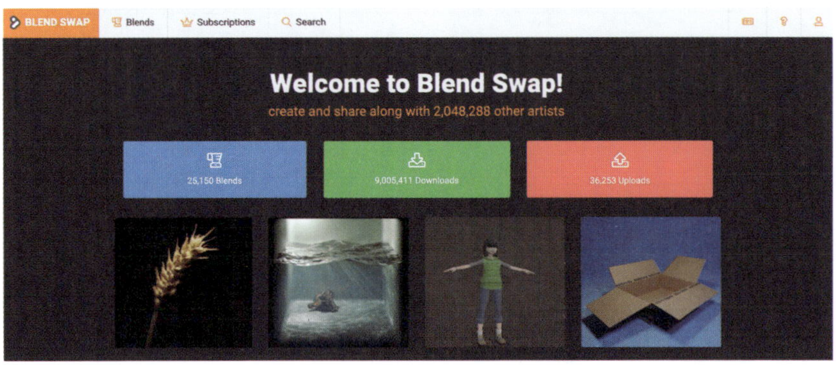

图 2-26　Blend Swap 网站

三、Cinema 4D

Cinema 4D 是一款在图形动画领域颇受欢迎的软件，它以其强大的功能和友好的操作界面，在内容创作方面也展现出独特的优势（图 2-27）。在建模功能上，Cinema 4D 提供了多种建模方式。如多边形建模功能可以帮助创作者快速搭建各种复杂的几何形状，通过对多边形进行编辑、挤出、倒角等操作，能够创建出精细的模型细节；样条线建模适用于创建具有流畅曲线的物体，如管道、字体等，通过对样条线的编辑和变形，可以轻松实现独特的造型设计。对于一些规则的几何物体，还可以直接使用软件内置的基本几何体进行快速创建，然后进行进一步的修改和组合。在材质和纹理编辑方面，Cinema 4D 提供了丰富的材质预设和纹理映射选项。材质预设涵盖了各种常见的材质类型，如金属、塑料、木材等，只需简单调整参数，就能得到逼真的材质效果。同时，支持多种纹理映射方式，包括平铺、投射、UVW 映射等，可以将各种纹理图片准确地应用到模型表面，为模型增添丰富的细节。在纹理制作上，除了使用外部导入的纹理图片外，还可以利用软件自带的程序纹理生成器，创建出如噪点、大理石、木纹等自然纹理，满足不同的创作需求。

Cinema 4D 的动画功能十分出色。它具备关键帧动画、路径动画、变形动画等多种动画制作方式。关键帧动画允许创作者在不同的时间点设置物体的位置、旋转、缩放等属性关键帧，软件会自动计算中间的过渡帧，生成流畅的动画效果。路径动画可以让物体沿着指定的路径进行运动，常用于制作物体的移动轨迹，如汽车行驶、物体飞行等动画。变形动画能够通过对模型的控制点或形状进行变形操作，实现物体形态的变化，如角色的表情动画、物体的生长变形等。在动画制作过程中，Cinema 4D 还提供了强大的动画曲线编辑器，通过对动画曲线的调整，可以精确控制动画的速度、加速度和节奏，使动画更加自然和生动。

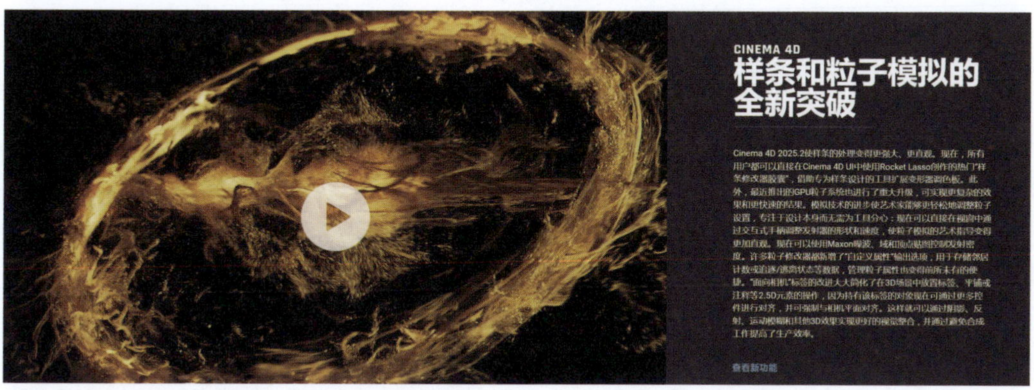

图 2-27　Cinema 4D 官网页面

此外，Cinema 4D 还支持与其他软件的协作，如 After Effects，通过插件可以实现无缝的工作流程，将 Cinema 4D 中创建的 3D 动画导入 After Effects（图 2-28）中进行后期合成和特效制作，进一步丰富动画的视觉效果。

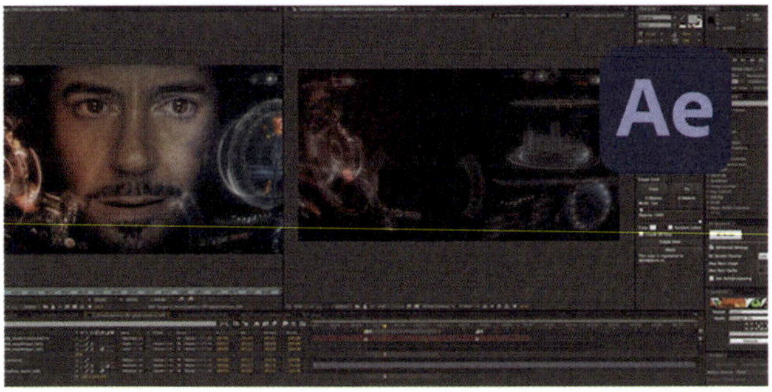

图 2-28　After Effects 特效制作界面

对于想要学习 Cinema 4D 的初学者来说，官方提供了丰富的学习资源。官方网站上有详细的产品文档，涵盖了软件的各个功能模块和操作流程，从基础的界面介绍到高级的建模、动画、材质编辑技巧都有深入讲解，并且配有大量的示例图片和操作步骤说明，方便快速入门和深入学习。官方还提供了一些视频教程，通过实际操作演示软件的使用方法和技巧，让用户能够更加直观地理解和掌握。除了官方资源外，众多在线学习平台也提供了丰富的 Cinema 4D 课程，网络上还有许多 Cinema 4D 的资源分享网站，提供了丰富的模型、材质、纹理、插件等资源，用户可以下载使用，为学习和创作提供更多的素材和灵感。

第三节　AR 开发平台

一、Unity

Unity 是一款功能强大的跨平台游戏开发引擎。它最大的优势就是强大的跨平台支持能力，几乎支持所有主流的操作系统和设备平台，包括 iOS、Android、Windows、Mac OS、WebGL 等。这意味着开发者通过 Unity 开发 AR 应用时，只需编写一次代码，再经过简单的设置和调整，就能将应用轻松部署到多个不同的平台上，大大降低了开发成本和时间成本，提高了开发效率。

在渲染能力方面，Unity 拥有先进的图形渲染引擎，支持实时渲染和高质量的图形输出。它采用延迟渲染、前向渲染等多种渲染路径，能够根据不同的硬件性能和项目需求进行优化，确保 AR 应用在各种设备上都能呈现出流畅、逼真的视觉效果。

Unity 的资源商店和插件生态系统也非常丰富。资源商店里有海量的 3D 模型、纹理、音效、动画、脚本等资源，开发者可以根据项目需求直接购买或下载免费资源，极大地节省了开发时间和成本。在开发一款以奇幻森林为背景的 AR 游戏时，开发者可以从资源商店中下载精美的树木、花草、动物等3D模型，以及相应的环境音效和背景音乐，快速搭建起游戏场景。Unity支持众多第三方插件，涵盖了AR开发的各个方面。Vuforia插件（图2-29）集成了强大的图像识别和跟踪功能，开发者只需简单配置，就能实现基于图像识别的AR应用，如扫描特定图片弹出相关虚拟内容；Easy AR插件则提供了稳定的空间定位和物体跟踪技术，适用于创建需要在现实空间中精准放置和交互虚拟物体的AR项目。这些插件的存在，让开发者无须从头开始开发复杂的功能，能够专注于项目的创意和核心逻辑实现。

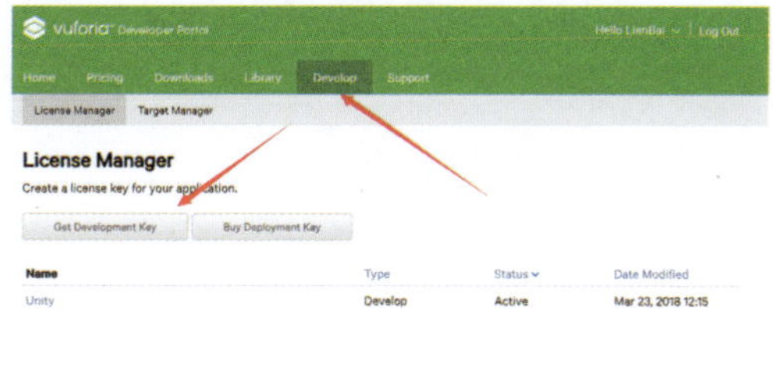

图2-29 Vuforia插件

Unity还提供了直观的可视化开发工具，即使没有深厚编程基础的开发者也能快速上手。通过Unity的编辑器界面，开发者可以方便地创建、编辑和管理游戏对象，调整物体的位置、旋转、缩放等属性，设置场景的灯光、摄像机等元素。Unity还支持使用可视化的动画编辑器制作动画，通过关键帧设置物体的运动、变形等效果，轻松实现丰富的动画表现。对于需要实现复杂逻辑和交互功能的部分，Unity支持多种脚本编程语言，如C#、JavaScript等。开发者可以通过编写脚本代码，控制游戏对象的行为、实现用户交互逻辑、处理数据等。可视化开发与脚本编程相结合，使得Unity能够满足从简单到复杂的各种AR项目的开发需求。

Unity官方为开发者提供了丰富的学习资源，包括详细的文档、视频教程、在线课程和示例项目。官方文档对Unity的各个功能模块和开发流程进行了深入且全面的介绍，从基础的界面操作、游戏对象管理到高级的渲染技术、物理引擎应用等都有详细说明，并且配有大量的示例图片和代码片段，方便开发者查阅和学习。官方视频教程涵盖了从入门到进阶的不同阶段内容，通过实际操作演示，帮助开发者快速掌握Unity的使用方法和开发技巧。Unity拥有庞大且活跃的开发者社区，如Unity官方论坛、Unity Connect（图2-30）、Stack Overflow中的Unity版块（图2-31）等。Unity Connect是一个连接开发者、雇主和项目的平台，开发者可以在上面展示自己的作品和技能，寻找工作机会和项目合作；雇主可以发布招聘信息和项目需求，找到合适的开发者。

图2-30 Unity Connect页面

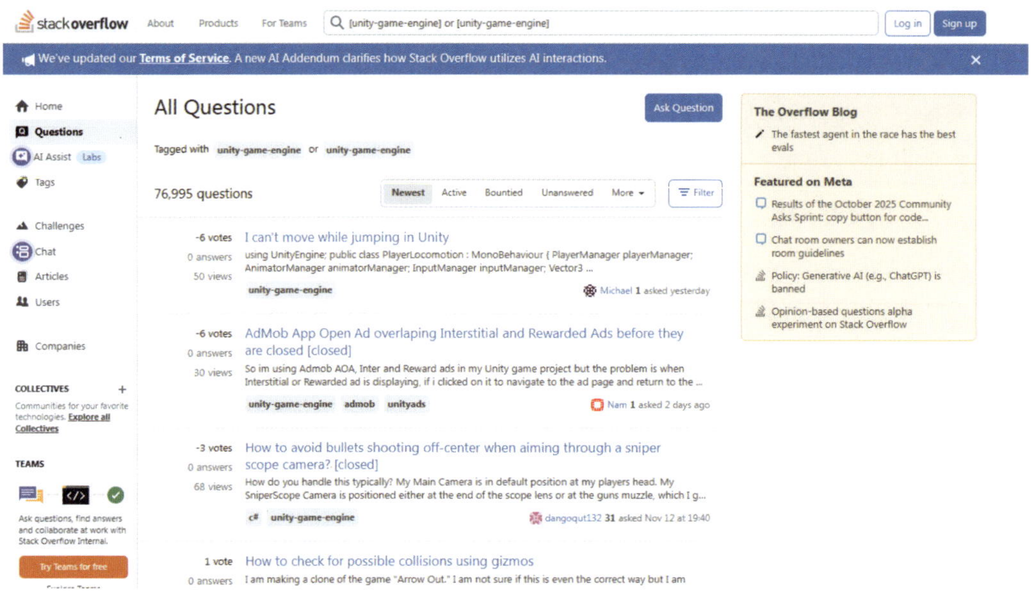

图 2-31　Stack Overflow 中的 Unity 版块

二、Unreal Engine

Unreal Engine（虚幻引擎）在开发领域以其卓越的图形渲染能力而闻名，能够带来震撼的视觉效果（图 2-32）。它采用一系列先进的渲染技术，如光线追踪、全局光照、屏幕空间反射等，这些技术能够精确模拟光线在复杂场景中的传播和反射，为虚拟物体和场景赋予极其逼真的光影效果。例如在展示一个虚拟的豪华汽车时，Unreal Engine 可以通过光线追踪技术准确地表现出汽车车身的镜面反射效果，以及周围环境在车身上的倒影；利用全局光照技术，使车内的光线分布更加自然真实，营造出沉浸式的视觉体验。同时，Unreal Engine 支持高分辨率纹理和精细的材质编辑，能够呈现出细腻的物体表面细节，如金属的拉丝纹理、皮革的质感等，让虚拟内容在 AR 应用中与现实场景完美融合，极大地提升了用户的视觉感受（图 2-33）。

虚幻引擎内置了强大的物理引擎，这使得它在模拟真实世界的物理现象方面表现出色。物体的碰撞、重力、摩擦力等物理效果都能得到真实的模拟，增强了交互的真实感。在开发一款 AR 建筑拆除模拟应用时，通过物理引擎可以准确模拟建筑物在拆除过程中的倒塌、破碎等物理效果，砖块和构件会根据重力和碰撞规则进行运动及散落，给用户带来逼真的体验。在交互系统方面，Unreal Engine 支持多种输入设备和交互方式，包括触摸、手势、键盘鼠标、VR 控制器等。开发者可以根据项目需求，自定义交互逻辑和响应方式，实现丰富多样的用户与虚拟内容的交互功能。

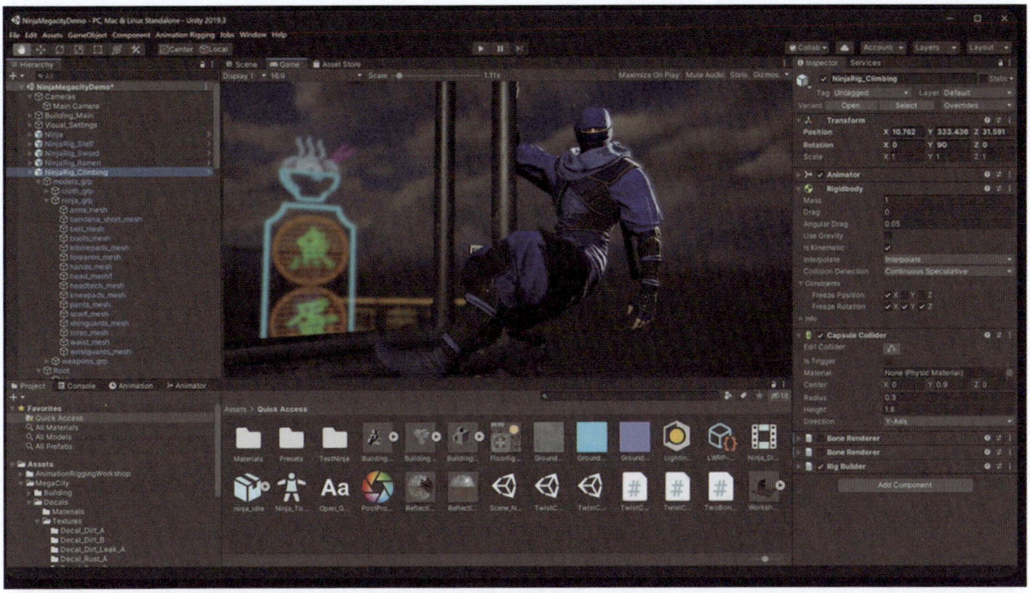

图 2-32　Unreal Engine 界面

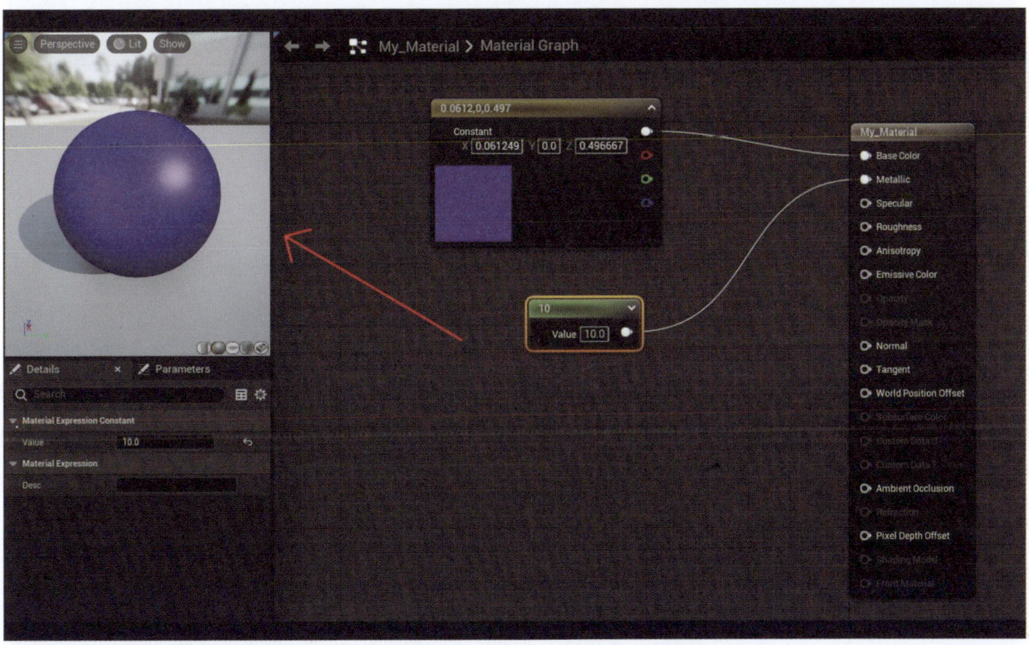

图 2-33　纹理材质编辑

Unreal Engine 的蓝图可视化编程系统是其另一大特色（图 2-34），它为开发者提供了一种无须编写大量代码即可实现复杂功能和逻辑的方式。蓝图系统提供了丰富的节点库，涵盖了游戏对象控制 、变量操作、逻辑判断、事件处理等各个方面。开发者只需将相应的节点连接起来，设置参数和条件，就能创建出游戏玩法、交互逻辑、动画控制等功能。在开发一款 AR 解谜游戏时，开发者可以通过蓝图系统轻松实现谜题的触发条件、线索收集、答案验证等逻辑，以及角色的动画和行为控制。对于有一定编程基础的开发者，蓝图系统还可以与 C++ 代码进行交互，实现更高级和复杂的功能扩展，将可视化编程的便捷性与代码编程的灵活性相结合，满足不同层次开发者的需求。

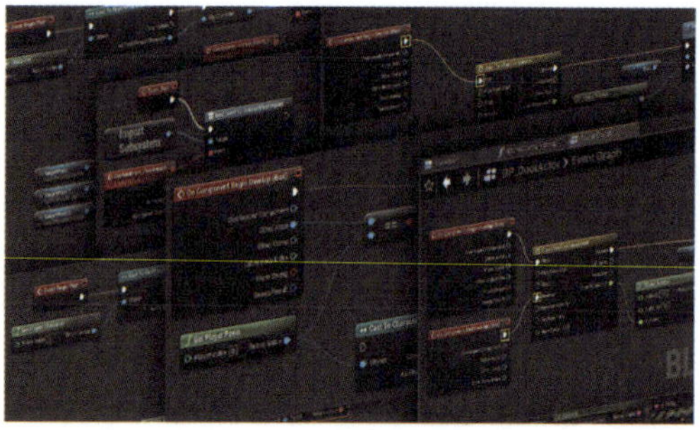

图 2-34　Unreal Engine 蓝图可视化程序

在工业设计与可视化领域，Unreal Engine 也有着重要的应用。汽车制造商、航空航天企业等利用 Unreal Engine 创建高精度的虚拟产品模型，并通过 AR 技术展示给设计师、工程师和客户。在汽车设计阶段，设计师可以使用 AR 设备在现实空间中查看汽车的虚拟模型，从不同角度观察汽车的外观设计，进入车内查看内饰布局和细节。Unreal Engine 的高保真渲染效果能够准确呈现汽车的材质、颜色和工艺细节，帮助设计师更好地评估设计方案。通过交互系统，工程师可以对虚拟模型进行操作，如打开车门、启动引擎、调整座椅等，模拟真实的使用场景，发现设计中存在的问题并及时进行优化。在产品展示和营销活动中，通过 Unreal Engine，品牌方可以为用户带来更直观、沉浸式的产品体验，显著提升产品的吸引力与市场竞争力。

Epic Games（虚幻引擎的开发者）官方为 Unreal Engine 开发者提供了全面且优质的学习资源（图 2-35）。官方网站设有专门的学习板块，提供了详细的文档、视频教程、在线课程和示例项目。官方文档对虚幻引擎的各个功能模块和开发流程进行了深入讲解，从基础的项目创建、场景搭建到高级的渲染技术、蓝图编程、物理模拟等都有详细的说明和示例，并且会随着引擎版本的更新及时更新内容。官方还提供了大量的示例项目，涵盖了游戏开发、影视制作、建筑可视化等多个领域，开发者可以下载示例项目的源代码和资源，学习优秀的开发实践和项目架构。

图 2-35　Epic Games 官网

三、AR Foundation 插件

AR Foundation 是 Unity 官方推出的一款重要插件，它为 Unity 开发者提供了一个统一的接口，使得在 Unity 中开发 AR 应用变得更加便捷和高效，能够轻松实现与不同 AR 平台的无缝对接（图 2-36）。AR Foundation 的出现，解决了开发者在不同 AR 平台（如 ARKit、ARCore 等）开发时面临的诸多差异和难题。以往开发者针对不同的 AR 平台需要编写大量不同的代码，这不仅增加了开发的难度和工作量，还容易出现兼容性问题。而 AR Foundation 通过抽象出一套通用的 API（应用程序编程接口），让开发者可以使用相同的代码逻辑来开发支持多种 AR 平台的应用。无论是基于 iOS 的 ARKit，还是基于 Android 的 ARCore，甚至是其他支持的 AR 平台，开发者只需在 Unity 中使用 AR Foundation 插件进行开发，然后通过简单的设置，就能将应用部署到不同的平台上，大大提高了开发效率和代码的可维护性。

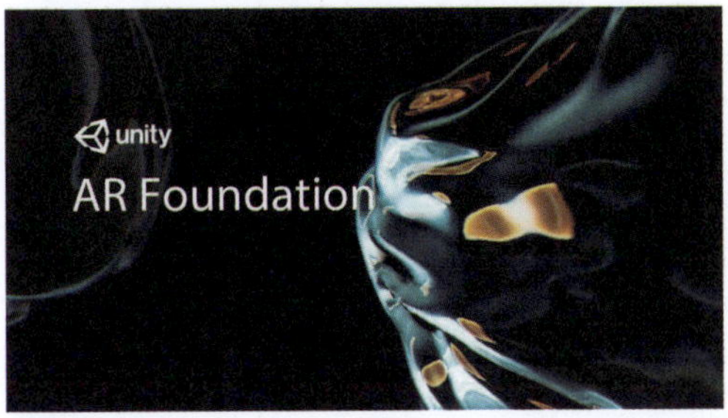

图 2-36　AR Foundation 插件介绍

AR Foundation 提供了一系列丰富的功能。在设备跟踪与环境感知方面，它能够利用设备的传感器，如陀螺仪、加速度计、摄像头等，实现对设备位置、姿态和运动的精确跟踪，以及对现实环境的平面检测、特征点识别等功能。通过这些功能，开发者可以在 AR 应用中实现虚拟物体在现实场景中的稳定放置和交互。例如在 AR 游戏中，虚拟角色能够准确地站在现实的地面上，并且随着玩家的移动而实时调整位置和角度。在光照估计方面，AR Foundation 可以分析现实环境中的光线条件，自动调整虚拟物体的光照效果，使其与现实场景的光影相匹配，增强虚拟内容与现实环境的融合度，为用户带来更加真实的 AR 体验。比如在 AR 家居展示应用中，虚拟家具的光影效果会根据现实环境中的光线变化而变化，让用户感觉这些家具就真实地摆放在房间里。

在使用 AR Foundation 进行开发时，其操作流程相对简洁。首先，开发者需要在 Unity 项目中导入 AR Foundation 插件，可以通过 Unity 的 Package Manager 进行安装。安装完成后，在项目的场景中创建 AR Session Origin 对象，这是 AR 应用的核心组件，它负责管理 AR 会话和跟踪设备。接着，开发者可以根据需求添加 AR 平面管理器、AR Raycast Manager 等组件，以实现平面检测、射线投射等功能。例如，添加 AR 平面管理器后，应用能够自动检测现实场景中的平面，当检测到平面时，可以在平面上生成虚拟物体。在脚本编写方面，开发者可以使用 C# 语言来调用 AR Foundation 提供的 API，实

现各种交互逻辑。比如，当用户点击屏幕时，通过射线投射检测是否点击到了虚拟物体，如果点击到，则执行相应的操作，如显示物体信息、触发动画等。

第四节　硬件设备选择

一、苹果 Vision Pro

苹果 Vision Pro 是一款备受瞩目的高端 AR 头显设备（图 2-37），它融合了苹果公司的多项先进技术，为用户带来了卓越的 AR 体验。在显示技术方面，苹果 Vision Pro 采用了先进的Micro-OLED 显示屏（图 2-38），具有高分辨率、高对比度和低延迟的特点，能够呈现出极其清晰、逼真的图像效果。每只眼睛都能享受到高达 4K 的分辨率，这使得虚拟内容在细节上表现得淋漓尽致，无论是文字、图像还是 3D 模型，都能清晰锐利地展现在用户眼前。其大视场角设计，让用户在使用过程中拥有更广阔的视野，几乎可以覆盖人眼的自然视场范围，减少了视觉上的局限，增强了沉浸感。当用户使用 Vision Pro 观看电影或体验游戏时，能够感受到仿佛身临其境般的视觉效果，虚拟场景与现实环境完美融合，带来前所未有的视觉冲击。

图 2-37　苹果 Vision Pro

图 2-38　Micro - OLED 显示屏

在交互技术上，苹果 Vision Pro 支持多种自然交互方式，如手势识别、眼动追踪和语音控制。手势识别技术非常精准，用户可以通过简单的手势操作，如握拳、挥手、捏合等，与虚拟内容进行自然交互。在浏览网页时，用户可以用手指点击虚拟链接，或者通过手势缩放图片；在玩游戏时，手势操作可以实现角色的移动、攻击等动作，操作直观便捷。眼动追踪技术则进一步提升了交互的自然度和效率，设备能够实时跟踪用户的眼球运动，根据用户的注视点来自动聚焦和选择内容。当用户在场景中查看复杂的信息时，只需注视感兴趣的区域，相关信息就会自动放大或展开，无须手动操作。语音控制功能也十分强大，用户可以通过语音指令来完成各种操作，如打开应用、搜索信息、切换场景等，在双手不方便操作时，语音控制提供了极大的便利。

苹果 Vision Pro 在性能方面也表现出色。它搭载了强大的芯片，具备高性能的图形处理能力和计算能力，能够快速渲染复杂的 AR 场景，确保虚拟内容的流畅显示和实时交互。即使在运行大型 AR 游戏或复杂的 3D 应用时，也能保持稳定的帧率，不会出现卡顿现象。同时，设备的散热设计也很优秀，有效解决了长时间使用过程中的发热问题，保证了设备的稳定运行。在空间感知方面，苹果 Vision Pro 配备了先进的传感器系统，包括 LiDAR 扫描仪、摄像头和深度传感器等，能够快速准确地感知周围的现实环境，实现高精度的空间定位和映射。这使得虚拟物体能够精确地放置在现实空间中，并且与现实环境中的物体进行自然交互。在使用 AR 家居设计应用时，用户可以在真实的房间中准确地摆放虚拟家具，虚拟家具与现实环境的尺寸比例、空间关系都能完美匹配，让用户能够直观地看到设计效果。

然而，苹果 Vision Pro 也存在一些局限性。首先，其价格相对较高，这使得许多消费者望而却步，限制了其市场普及程度。对于一些预算有限的个人用户或小型企业来说，购买成本过高。其次，设备的续航能力还有待提升。由于 AR 头显需要持续运行多个高性能组件，如显示屏、传感器和芯片等，电量消耗较快，目前的续航时间可能无法满足用户长时间使用的需求。在外出使用时，如果没有及时充电，可能影响使用体验。此外，虽然苹果 Vision Pro 的生态系统在不断完善，但与传统的移动设备相比，其应用数量和种类相对较少，用户在选择应用时可能会受到一定的限制。

二、Meta Quest 3

Meta Quest 3 是一款功能强大的一体化 AR 设备，它在性能、功能和用户体验方面都有出色的表现（图 2-39）。在硬件性能上，Meta Quest 3 配备了高性能的处理器和图形处理单元（GPU），这使得它能够流畅地运行各种 AR 应用和游戏。与前代产品相比，其图形处理能力有了显著提升，能够支持更高分辨率的纹理和更复杂的 3D 场景渲染，为用户呈现出更加逼真、精美的虚拟内容。在运行一些大型 AR 游戏时，Meta Quest 3 可以轻松应对复杂的场景和大量的特效，画面帧率稳定，几乎没有卡顿现象，为玩家带来流畅的游戏体验。其内存和存储容量也得到了升级，更大的内存保证了多任务处理的流畅性，用户可以在不同的 AR 应用之间快速切换；充足的存储容量则可以让用户下载和保存更多的应用、游戏和数据，满足用户多样化的需求。

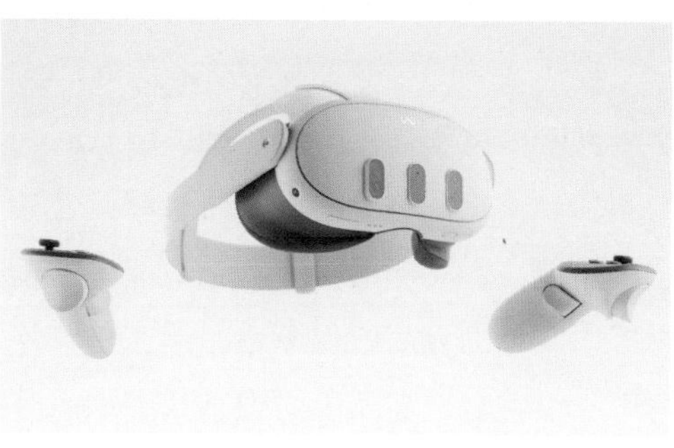

图 2-39　Meta Quest 3

在功能方面，Meta Quest 3 的追踪技术有了很大的改进。它采用了先进的 Inside-Out 追踪技术，通过设备内置的多个摄像头和传感器，能够实时精确地追踪用户的头部、手部运动，实现更加自然和精准的交互。用户在使用过程中，头部的转动和手部的动作都能被设备迅速捕捉并准确反馈，虚拟内容能够与用户的动作同步响应，这种低延迟的交互体验大大增强了沉浸感。在玩 AR 射击游戏时，玩家的转头动作能够即时反映在游戏视角中，手部的瞄准和射击动作也能精准地控制游戏角色，让玩家仿佛真正置身于游戏场景中。Meta Quest 3 还支持丰富的手势交互功能，用户可以通过简单的手势操作来完成各种任务，如抓取、拖拽、缩放虚拟物体，操作直观便捷，减少了对外部控制器的依赖，提升了交互的自然度。

Meta Quest 3 配备了高分辨率的显示屏，能够提供清晰、鲜艳的图像质量。同时，通过优化的光学系统，这款设备有效减少了画面的畸变和模糊，提高了视觉舒适度。即使长时间佩戴使用，用户也不容易感到眼睛疲劳。在色彩还原方面，设备能够准确地呈现出丰富的色彩，使得虚拟场景更加生动逼真。无论是欣赏 AR 艺术作品还是观看 AR 视频，都能获得极佳的视觉享受。Meta Quest 3 还支持可变刷新率技术，根据不同的场景和内容自动调整屏幕刷新率，在保证流畅度的同时，进一步降低了功耗，延长了电池续航时间。

Meta Quest 3 在软件生态方面也有很大的优势。它拥有庞大的应用商店，涵盖了各种类型的 AR 应用和游戏，从教育、娱乐到办公、社交等领域，满足了不同用户的多样化需求。在教育方面，它有许多 AR 学习应用，通过生动的虚拟场景和互动式学习方式，帮助学生更好地理解和掌握知识。在历史课上，学生可以通过 Meta Quest 3 进入虚拟的历史场景，与历史人物互动，了解历史事件的发生过程；在娱乐方面，它有丰富多样的 AR 游戏，如冒险游戏、解谜游戏、体育游戏等，为玩家带来全新的游戏体验。一些 AR 社交应用还允许用户与朋友在虚拟空间中聚会和交流，打破了地域限制，增强了社交互动的趣味性。Meta Quest 3 还支持与其他 Meta 设备互联互通，用户可以在不同的设备之间同步数据和应用，方便用户在不同场景下使用。

当然，Meta Quest 3 也并非完美无缺。在佩戴舒适度方面，尽管设备在设计上已经尽量减轻重量和优化佩戴结构，但长时间佩戴后，仍可能会让部分用户感到头部有一定的压力。特别是对于一些需要长时间使用 AR 设备进行工作或学习的用户来说，佩戴舒适度可能会影响使用体验。在与现实环境的融合方面，虽然 Meta Quest 3 在环境感知和虚拟内容叠加方面做得不错，但在一些复杂的光线条件下，如强光直射或光线较暗的环境中，设备对现实环境的识别和虚拟内容的融合效果可能会受到一定影响，导致虚拟物体与现实场景的融合不够自然，降低了体验的真实感。此外，由于 Meta Quest 3 主要依赖自身的硬件和软件生态系统，与一些第三方设备和软件的兼容性可能存在问题，这在一定程度上限制了用户的选择和使用场景的拓展。

三、AR 眼镜与移动设备

AR 眼镜是专门为 AR 体验设计的硬件设备，具有独特的优势和适用场景。在工业领域，AR 眼镜发挥着重要作用。例如在设备维修场景中，维修人员佩戴 AR 眼镜，能够实时获取设备的维修指南、故障诊断信息以及操作步骤。这些信息会以虚拟图像的形式直接呈现在维修人员的视野中，无须他们翻阅大量的纸质文档或在计算机上查找资料，大大提高了维修效率。在飞机维修工作中，维修人员可以通过 AR 眼镜查看飞机发动机内部的虚拟模型，了解各个部件的位置和拆卸顺序，同时还能接收远程专家的实时指导，即使面对复杂的故障也能快速解决。在物流仓储领域，AR 眼镜可以帮助工作人员更高效地完成货物分拣和盘点工作。工作人员通过 AR 眼镜能够看到货物的位置信息、订单详情等，按照虚拟指示快速准确地找到货物，减少了寻找货物的时间，提高了工作效率。在一些大型物流仓库中，使用 AR 眼镜后，货物分拣效率提升了 30% 以上。在医疗领域，AR 眼镜也开始得到应用。外科医生在手术过程中佩戴 AR 眼镜，可以实时查看患者的医学影像，如 CT（计算机断层扫描）、MRI（核磁共振成像） 等信息，这些影像会与患者的实际身体部位进行精准匹配，辅助医生更准确地进行手术操作，降低手术风险。在教育领域，AR 眼镜为学生带来了全新的学习体验。在地理课上，学生佩戴 AR 眼镜可以身临其境地观察世界各地的地理风貌，仿佛置身于实地考察之中；在生物课上，学生可以通过 AR 眼镜观察细胞结构、人体器官等微观和宏观的生物模型，更加直观地理解生物学知识，提高学习效果。

在选择 AR 硬件设备时，需要根据具体的应用场景和需求来确定。如果是专业领域的应用，如工业维修、医疗手术辅助等，对精度和实时性要求较高，AR 眼镜可能是更好的选择。因为 AR 眼镜能够提供更沉浸式的体验，让用户在双手操作的同时，方便地获取信息和进行交互。而对于普通消费者和一些对便捷性要求较高的场景，如娱乐、购物、文化旅游等，移动设备则更为合适。对于移动设备，无须额外购买专门的硬件，使用方便，且应用生态丰富，能够满足多样化的需求。如果希望获得更丰富的 AR 体验，并且预算允许，也可以考虑购买高端的 AR 头显设备，如苹果 Vision Pro 或 Meta Quest 3，它们在显示效果、交互功能等方面具有明显优势，能够为用户带来更加震撼和沉浸式的 AR 体验。

第三章

CHAPTER 3
FUNDAMENTALS OF THE
UNITY 3D ENGINE

Unity 3D引擎基础

03

第一节　基础操作与环境配置

一、Unity 界面与工具集介绍

Unity 作为一款强大的跨平台游戏开发引擎，其界面设计旨在为开发者提供高效且直观的创作环境。打开 Unity，首先映入眼帘的是由多个核心部分构成的界面布局，这些部分紧密协作，涵盖从资源管理到场景搭建，再到游戏预览的整个开发流程（图 3-1）。

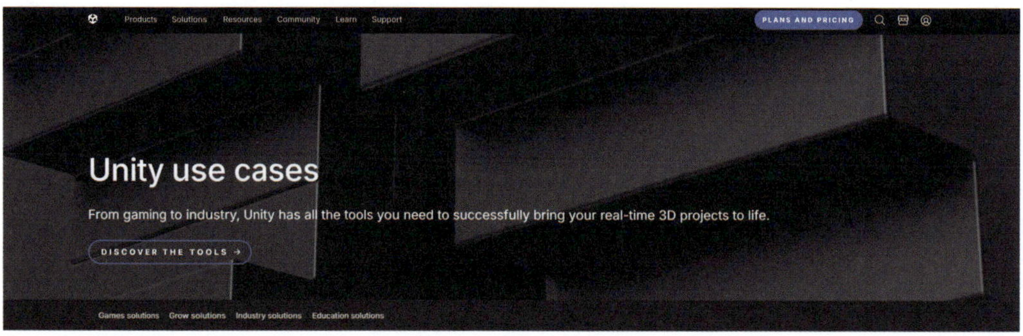

图 3-1　Unity 官网

Hierarchy 面板如同场景的“组织架构图”，以层级形式展示当前场景中所有游戏对象。游戏对象作为 Unity 开发的基础单元，种类丰富多样，大到游戏中的主要角色、复杂的建筑环境，小到一件武器、一个道具，甚至是一盏灯、一台摄像机，都可以被视为游戏对象。在 Hierarchy 面板中，开发者能够轻松进行创建、选择、移动、复制和删除游戏对象等操作。比如，在搭建一个简单的室内场景时，可先创建一个“Room”空对象作为父级，再将代表墙壁、家具的对象作为子级添加其中，通过层级管理，使场景结构清晰明了，便于后续的编辑与管理（图 3-2）。

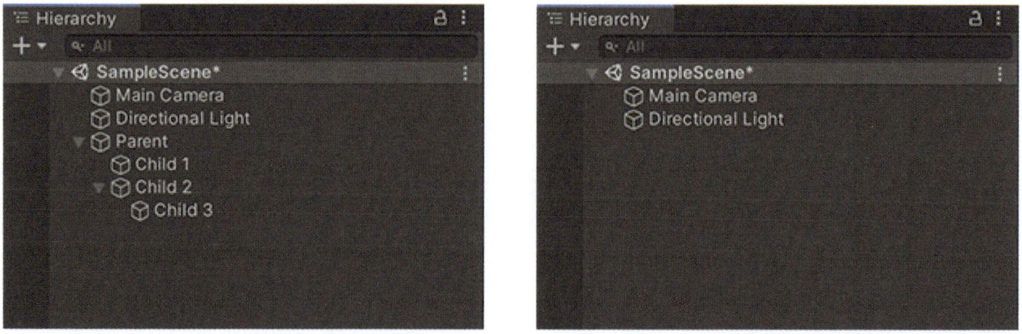

（a）父级与子级　　（b）对象

图 3-2　Hierarchy 面板

Inspector 面板是游戏对象的“属性编辑器”（图 3-3）。当在 Hierarchy 面板中选中某个游戏对象时，Inspector 面板会即时展示该对象的所有属性和组件。在这里，开发者可以对游戏对象的基本属性进行精确调整，如通过修改 Position 属性（由 X、Y、Z 三个轴的值确定），可以将游戏对象在三维空间中移动到任意位置；利用 Rotation 属性（以欧拉角表示，同样包含 X、Y、Z 三个轴的值），能精确控制游戏对象的朝向；而 Scale 属性（通过 X、Y、Z 三个轴的值控制）则决定了游戏对象的大小比例。此外，还能添加、删除和配置组件，为游戏对象赋予丰富多样的功能。以一个角色对象为例，除了基本的 Transform 组件外，还可添加 Rigidbody 组件使其具有物理特性，添加 Animator 组件来实现动画效果等。

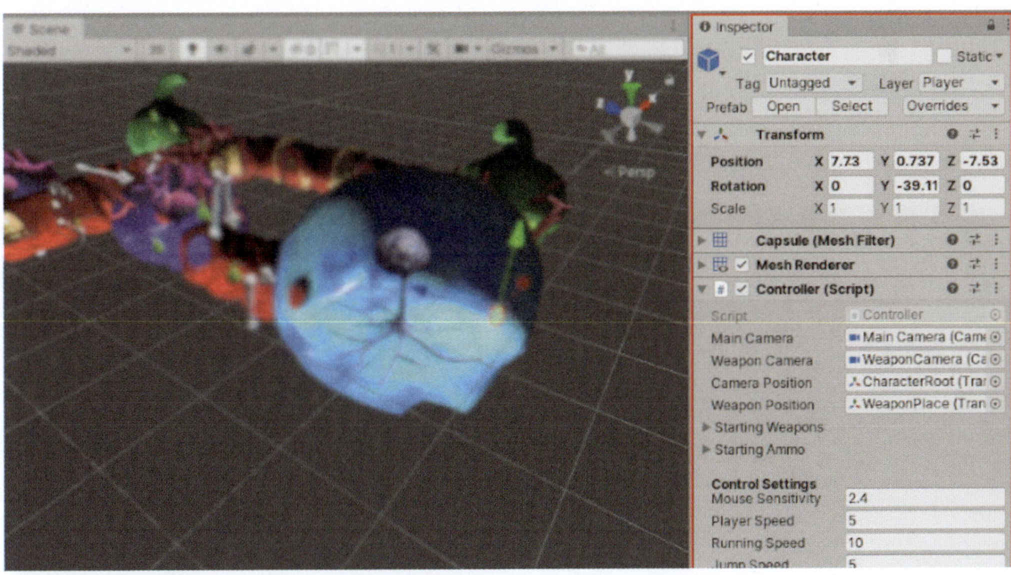

图 3-3 Inspector 面板

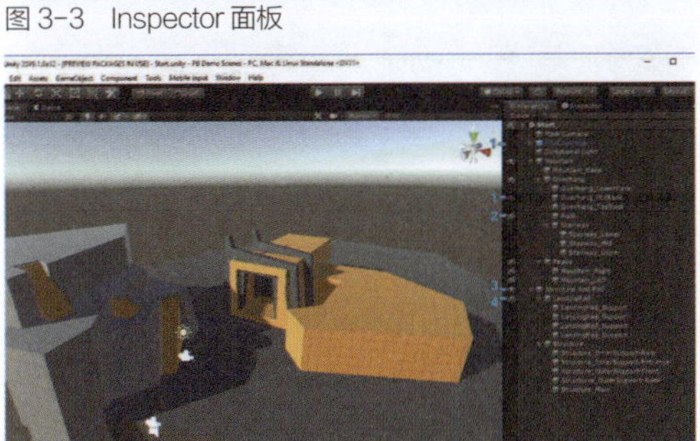

图 3-4 Scene 视图

Scene 视图是场景搭建的“主舞台”，为开发者提供了一个可视化的编辑空间（图 3-4）。在这个视图中，开发者可以直接观察到游戏对象在场景中的实际位置、外观以及相互之间的空间关系。通过各种工具，如移动工具（快捷键 W）、旋转工具（快捷键 E）、缩放工具（快捷键 R），能够对游戏对象进行直观的操作。例如，在创建一个自然场景时，可以在 Scene 视图中移动树木、岩石等模型的位置，调整其旋转角度和缩放比例，使其布局更加自然合理。

同时，可以添加地形、天空盒等环境元素，进一步丰富场景内容，构建出逼真的游戏世界。

Game 视图是游戏运行效果的“预览窗口”，模拟玩家在游戏中的实际视角。在 Game 视图中，开发者可以查看游戏的真实运行情况，包括角色的动画表现、交互效果、场景的光照效果等。这使得开发者能够提前发现并解决游戏中可能存在的问题，如动画不流畅、碰撞检测不准确、场景视觉效果不佳等，从而不断优化游戏体验。

Project 面板是项目资源的“仓库”，集中展示了项目中包含的所有资源，如脚本文件、3D 模型、材质、音频文件、图片等（图 3-5）。开发者可以在这个面板中对资源进行全面的管理操作，包括导入新资源（如从外部导入美术团队制作的高分辨率纹理或专业音效文件）、导出资源（如将项目中的部分资源分享给团队成员或用于其他项目）、重命名资源（使资源名称更具描述性，便于识别和管理）、删除不再使用的资源（清理项目空间，提高项目运行效率）等。此外，通过创建文件夹对资源进行分类整理，能够极大地提高资源查找和使用的效率。例如，可按照资源类型创建“Models”“Materials”“Scripts”“Audio”等文件夹，将相应资源分别存放其中。

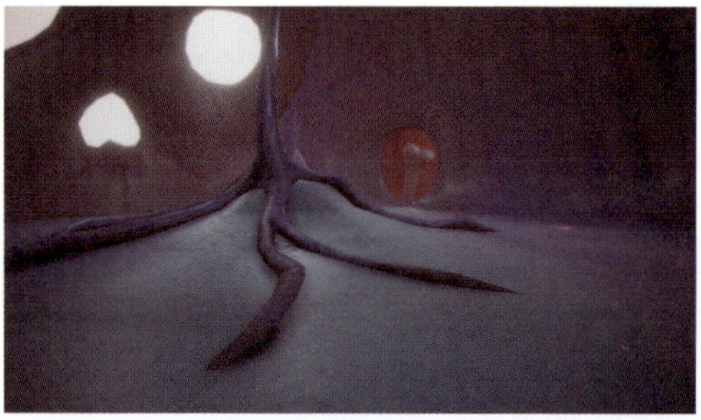

(a) 项目中的素材

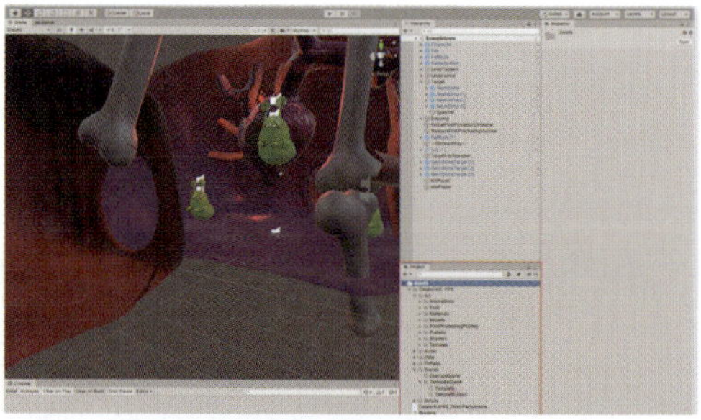

(b) 项目中的资源

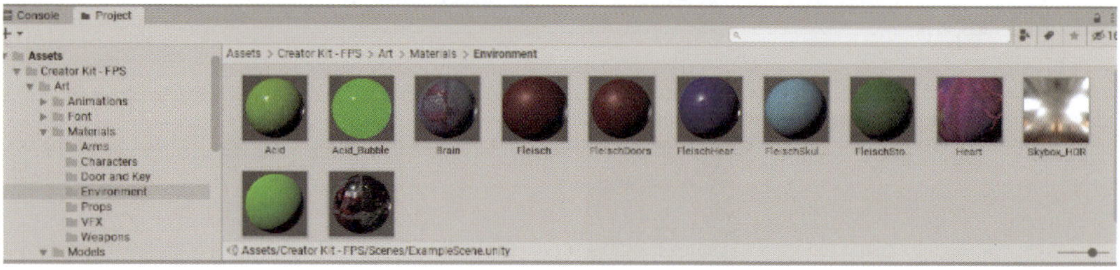

(c) 项目中的材质

图 3-5　Project 面板

除了上述核心面板外，Unity 还提供了一系列实用的工具集。工具栏位于界面上方，包含常用的操作工具，方便开发者快速访问。例如，播放按钮（快捷键 Ctrl + P）用于在编辑器中运行游戏，暂停按钮（快捷键 Ctrl + Shift + P）和停止按钮（快捷键 Ctrl + Alt + P）则用于控制游戏的运行状态；手形工具（快捷键 Q）可用于平移 Scene 视图，便于观察场景不同区域；放大镜工具（快捷键 Z）用于缩放 Scene 视图，实现对场景细节的查看或整体布局的把握。菜单栏则涵盖了文件管理、编辑设置、资源操作等各类功能选项，满足开发者在不同开发阶段的多样化需求。例如，“File”菜单用于项目的保存、打开、构建与发布等操作；“Edit”菜单包含撤销、重做、复制、粘贴等基本编辑功能，以及项目设置、偏好设置等重要选项；“Assets”菜单用于资源的导入、导出、创建等操作。

二、设置 Unity 开发环境与 AR 插件配置

在开启 Unity 开发之旅前，正确设置开发环境并配置相关 AR 插件是至关重要的一步。Unity 的安装过程相对便捷，开发者可访问 Unity 官方网站，在下载页面根据自己的操作系统选择对应的 Unity Hub 安装程序。Unity Hub 作为 Unity 的一站式管理工具，不仅负责 Unity 版本的安装与管理，还能对项目进行统一管理。

下载完成后，运行安装程序，按照提示逐步完成 Unity Hub 的安装（图 3-6）。安装成功后，打开 Unity Hub，在“安装”选项卡中，开发者可根据项目需求和个人偏好选择合适的 Unity 版本进行安装。在安装过程中，还可以根据目标平台选择安装相应的组件，如计划将项目发布到 Android 平台，则需勾选“Android Build Support”组件；若要发布到 iOS 平台，“iOS Build Support”组件必不可少。这些组件为后续项目在不同平台的构建和发布提供了必要的支持。

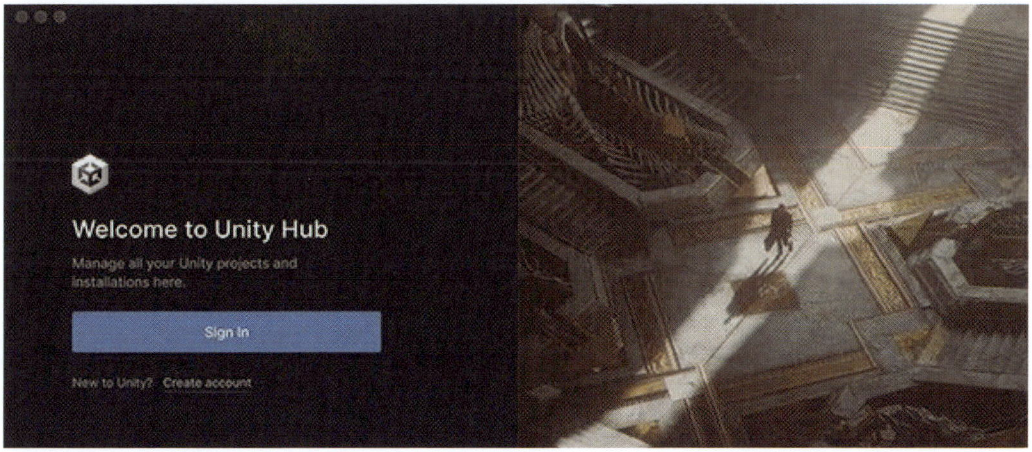

图 3-6　Unity Hub 登录界面

安装完成 Unity 版本后，启动 Unity。首次启动时，需要登录 Unity 账号。若尚未拥有账号，可在登录界面进行注册。登录后，根据自身情况选择合适的许可证类型，个人

版（免费）适合初学者和小型独立开发团队；Plus 版和 Pro 版则提供了更多高级功能及服务，适用于专业开发团队和商业项目。激活许可证后，即可正式开启 Unity 开发之旅。

对于 AR 开发而言，配置相关插件是实现 AR 功能的关键。AR Foundation 是 Unity 推出的跨平台 AR 开发框架，它为开发者提供了一套统一的 API，支持 ARKit（用于 iOS 平台）和 ARCore（用于 Android 平台），大大简化了 AR 开发流程。通过 AR Foundation，开发者可以轻松实现平面检测、光线估计、物体追踪等核心 AR 功能。在 Unity 中安装 AR Foundation 插件，可通过 Unity 的 Package Manager 进行操作（图 3-7）。打开 Package Manager（可在“Window”菜单中找到），在搜索栏中输入“AR Foundation”，然后点击安装按钮，Unity 会自动下载并安装该插件及其相关依赖项。安装完成后，在项目设置中启用相关功能，例如在“Player Settings”中确保启用“AR Session”和“AR Session Origin”组件，这样项目才能正常使用 AR Foundation 提供的功能。

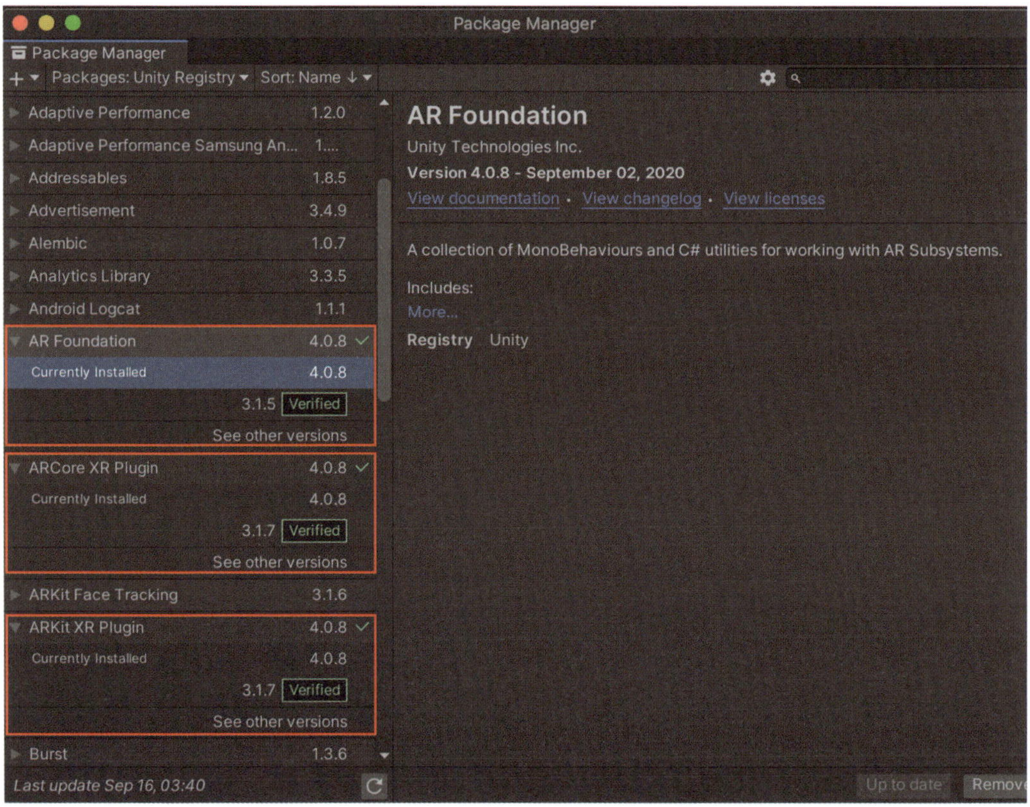

图 3-7　Package Manager 界面

除了 AR Foundation 外，针对特定的 AR、VR 设备，还需要安装相应的 SDK（软件开发工具包）。以 PICO 系列设备为例，PICO SDK 为开发者提供了丰富的功能扩展，如空间锚点、场景标定等 MR（混合现实）功能，能显著提升 AR 应用的沉浸感和交互性。获取 PICO SDK 后，将其导入 Unity 项目中，按照官方文档的指引进行配置，即可在 Unity 中开发适配 PICO 设备的 AR 应用。

第二节　3D 模型与物理属性设置

一、3D 模型导入与调整

在 Unity 项目中引入 3D 模型是构建丰富游戏场景和角色的重要环节。Unity 支持多种常见的 3D 模型格式，如 FBX、OBJ 等，这使得开发者可以方便地使用来自不同建模软件（如 3ds Max、Maya、Blender 等）创建的模型资源。导入 3D 模型的操作十分简单，只需将准备好的模型文件直接拖放到 Project 面板中，Unity 就会自动识别并导入该模型，模型资源会显示在 Project 面板的相应位置，此时模型已成功导入项目中（图 3-8）。

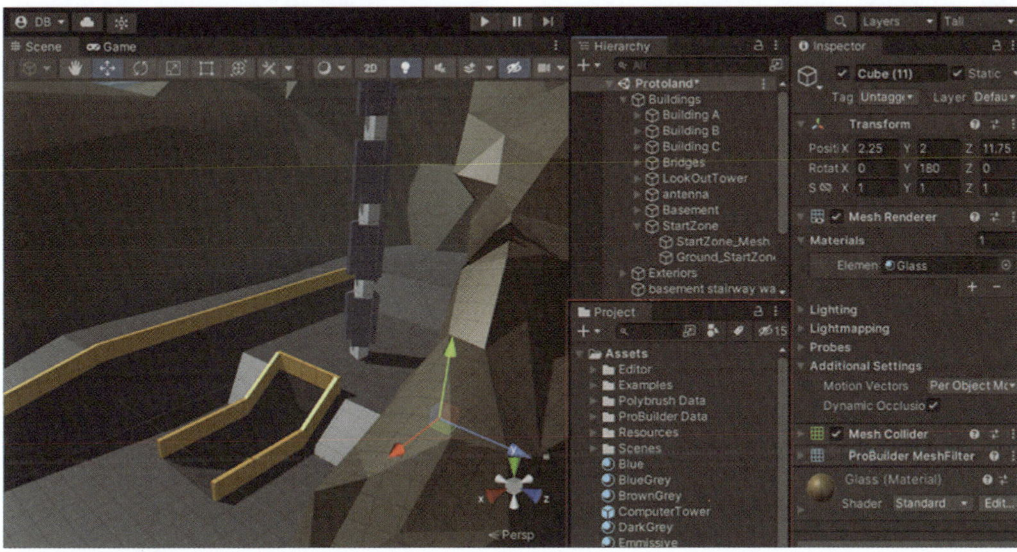

图 3-8　导入模型界面

导入模型后，通常需要对其进行一系列调整，以使其符合项目的具体需求。在 Unity 中，主要通过选中模型对应的游戏对象，利用 Inspector 面板中的组件来实现调整操作。其中，Transform 组件是每个游戏对象都具备的基本组件，用于控制游戏对象的位置、旋转和缩放。例如，在一个赛车游戏项目中，需要调整赛车模型的位置使其位于赛道起点，可通过修改 Transform 组件的 Position 属性来实现。Position 属性由 X、Y、Z 三个轴的值组成，分别代表模型在三维空间中的横向、纵向和深度方向的坐标。假设赛道起点的坐标为（0, 0.5, -10），将赛车模型的 Position 属性设置为该值，赛车模型就会移动到指定位置（图 3-9）。

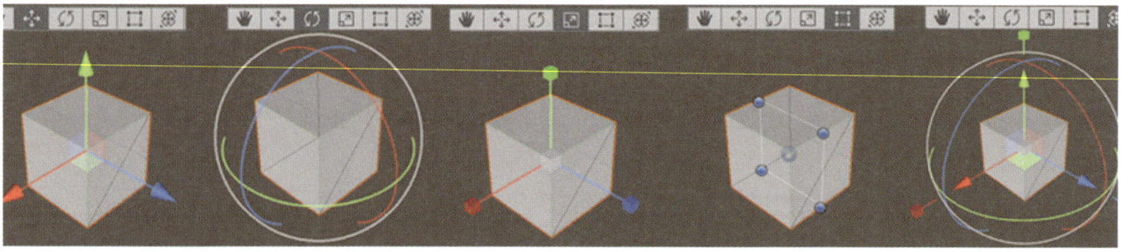

（a）Position 属性

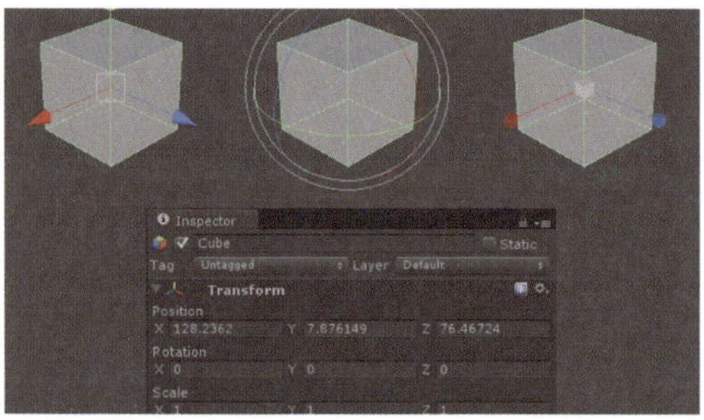

（b）Transform 组件

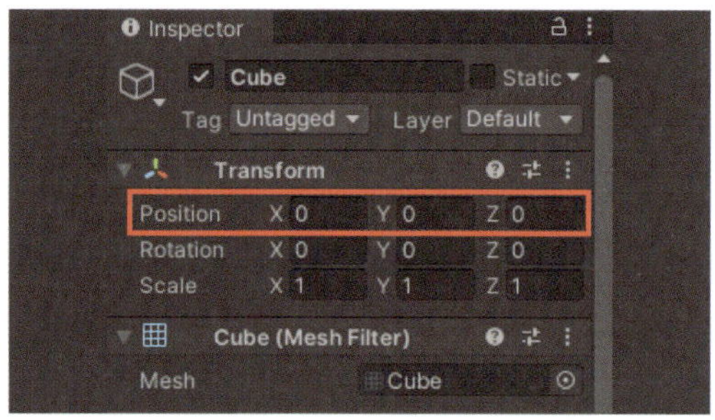

（c）Position 数值

图 3-9　坐标位置界面

Rotation 属性用于控制游戏对象的朝向，以欧拉角（Euler Angles）的形式表示，同样由 X、Y、Z 三个轴的值组成。在赛车游戏中，若要使赛车车头朝向赛道方向，可调整 Rotation 属性。比如，将 Y 轴的值设置为 0，赛车就会正面朝向 Z 轴正方向。

Scale 属性决定了游戏对象的大小，通过 X、Y、Z 三个轴的值来控制。如果希望赛车模型看起来更大一些，可适当增大 Scale 属性的值，如将 X、Y、Z 轴的值都设置为 1.2，赛车模型在各个方向上的大小将变为原来的 1.2 倍。

若模型的显示效果不理想，还需进一步调整 Mesh Renderer 组件。Mesh Renderer 组件负责将模型的网格数据渲染到屏幕上，使模型能够在游戏中正常显示。在该组件中，“Mesh”属性用于指定要渲染的模型网格。如果项目中导入了多个不同版本的赛车模型，可通过将对应的模型资源从 Project 面板拖放到“Mesh”属性中去选择需要显示的模型。“Materials”属性决定了模型的外观，包括颜色、纹理、光泽度等。为了让赛车模型更加逼真，可添加多个材质。例如，为车身添加金属材质，为轮胎添加橡胶材质。在“Materials”属性中，点击“+”按钮即可添加新的材质，然后将准备好的材质资源从 Project 面板拖放到相应位置（图 3-10）。

此外，Mesh Renderer 组件中的“Lighting”部分包含与光照相关的属性，如“Cast

Shadows"（是否投射阴影）和"Receive Shadows"（是否接收阴影）。合理设置这些属性，能够增强场景的真实感。例如，勾选"Cast Shadows"后，赛车模型在光照下会投射出阴影，使场景更加立体。"Lightmapping"部分包含与烘焙光照贴图以及实时光照贴图相关的属性，但仅当"Receive Global Illumination"设置为"Lightmaps"时，此部分才可见。通过烘焙光照贴图，可以预先计算场景中的光照效果，提高游戏运行时的性能。"Probes"部分包含与光照探针和反射探针有关的属性，可用于设置渲染器如何从光照探针系统接收光照，以及如何从反射探针系统接收反射，从而实现更真实的光照和反射效果。"Additional Settings"部分包含一些额外的属性，如"Motion Vectors"（运动向量）和"Dynamic Occlusion"（动态遮挡），这些属性可以用于实现运动模糊、遮挡剔除等高级效果，提升游戏的视觉体验。

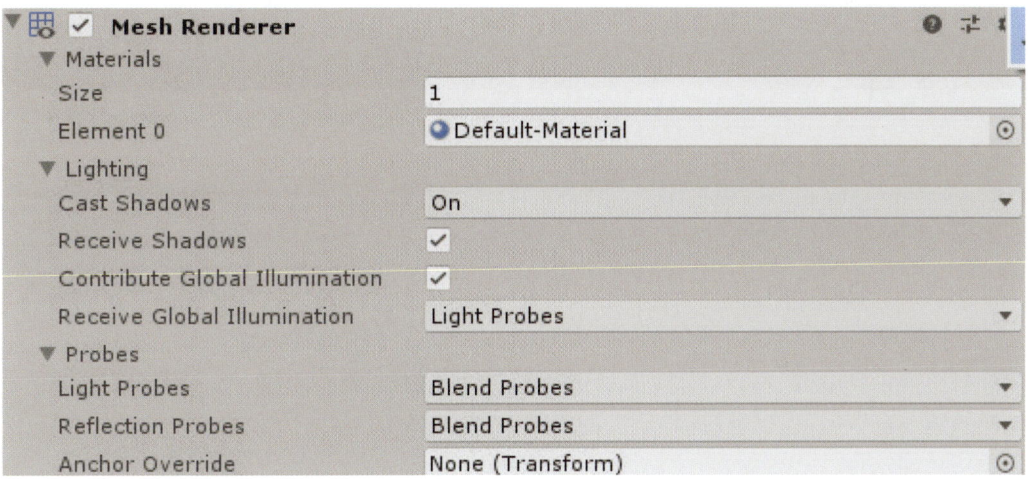

图 3-10　Mesh Renderer 界面

二、物理引擎与碰撞检测

Unity 的物理引擎为游戏增添了真实的物理模拟效果，使游戏中的物体能够像在现实世界中一样运动和交互。Rigidbody 组件是实现物理效果的核心组件之一，它赋予游戏对象重力、碰撞、运动等物理属性。在 Inspector 面板中为游戏对象添加 Rigidbody 组件后，会出现一系列可调整的属性。

"Mass"（质量）属性决定了游戏对象的质量大小，在物理模拟中，质量越大的物体，在受到相同力的作用下加速度越小。例如，在一个建筑拆除模拟游戏中，大型建筑模型的"Mass"值设置得较大，当受到爆破力作用时，其移动速度会比质量较小的物体慢很多，更符合现实情况。"Drag"（阻力）属性模拟游戏对象在运动过程中受到的空气阻力或摩擦力，值越大，游戏对象减速越快。以赛车游戏为例，为赛车模型设置适当的“Drag”值，可以模拟赛车在高速行驶时受到的空气阻力，使赛车在停止加速后逐渐减速。“Angular Drag”（角阻力）属性用于控制游戏对象旋转时受到的阻力，影响游戏对象的旋转速度。比如在一个球类游戏中，为球设置合适的“Angular Drag”值，当球在空中旋转时，会因角阻力逐渐减慢旋转速度（图 3-11）。

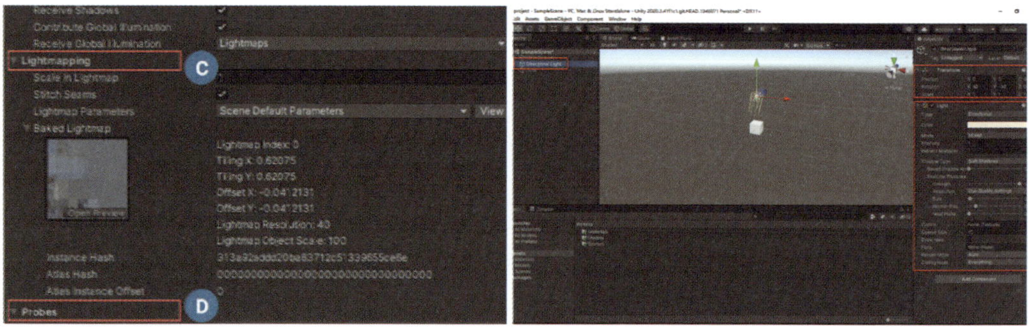

图 3-11　灯光选择界面

“Use Gravity”（使用重力）选项是控制游戏对象是否受重力作用的开关。勾选该选项后，游戏对象将受到重力的影响，会向下掉落。在大多数模拟现实场景的游戏中，如跑酷游戏、射击游戏等，角色和物体通常都需要受到重力作用，以增加游戏的真实感。“Is Kinematic”（运动学）选项决定了游戏对象是否受物理引擎的控制。勾选此选项后，游戏对象将不受力的影响，只能通过代码来控制其运动。例如，在一个电梯模拟场景中，电梯的运动可以通过代码精确控制，此时可勾选“Is Kinematic”选项，避免电梯受到不必要的物理干扰。

“Interpolate”（插值）选项用于控制刚体运动的抖动情况，有“None”（不进行插值）、“Interpolate”（插值）和“Extrapolate”（外推）三个选项。当选择“Interpolate”时，Unity 会根据之前的物理状态对刚体的运动进行平滑处理，减少抖动现象；“Extrapolate”则是根据当前的物理状态预测未来的位置，进一步优化运动的平滑度，但可能会在某些情况下导致位置不准确。“Collision Detection”（碰撞检测）选项用于控制避免高速运动的对象穿过其他对象而未发生碰撞，有“Discrete”（离散检测）、“Continuous”（连续检测）和“Continuous Dynamic”（连续动态检测）三个选项。“Discrete”检测方式适用于大多数常规场景，但对于高速运动的物体可能会出现碰撞检测不准确的情况；“Continuous”和“Continuous Dynamic”检测方式则更适合处理高速运动物体的碰撞检测，能够有效避免物体穿透现象，但会消耗更多的性能。

“Constraints”（约束）选项用于控制刚体运动的约束，可以冻结位置或旋转。例如，在一个固定的路灯模型上，可通过设置“Constraints”冻结其位置和旋转，使其不会因物理碰撞而移动或转动。

要实现物理碰撞效果，刚体还需与碰撞体配合使用。碰撞体组件有多种类型，如“Box Collider”（盒碰撞体）、“Sphere Collider”（球碰撞体）、“Capsule Collider”（胶囊碰撞体）等，开发者应根据游戏对象的形状选择合适的碰撞体组件并添加到游戏对象上。以一个长方体形状的箱子模型为例，添加“Box Collider”碰撞体组件能更好地模拟其碰撞效果；而对于球类模型，添加“Sphere Collider”更为合适。通过合理设置 Rigidbody 和碰撞体的属性，以及选择合适的碰撞检测模式，就能在 Unity 中实现逼真的物理碰撞效果，为游戏增添丰富的交互性和趣味性（图 3-12）。

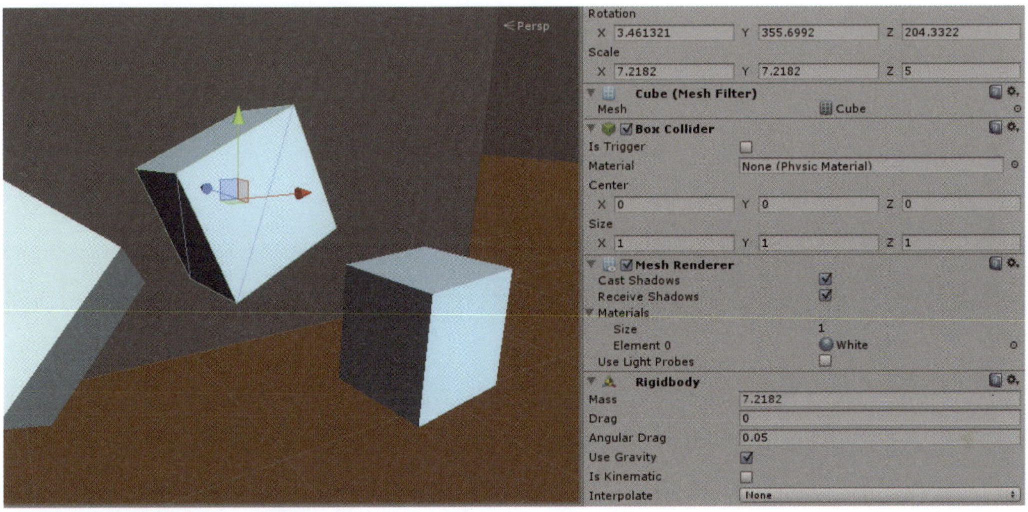

图 3-12　碰撞体设置界面

第三节　动画与声音制作

一、动画原理与基本操作

在 Unity 中，动画制作是赋予游戏角色和物体生命与活力的重要手段，主要依靠 Animation 组件和 Animator 组件来实现。Animation 组件是管理动画的基础组件，为开发者提供了创建、编辑和播放动画的基本功能。创建动画剪辑是制作动画的第一步，在 Project 面板中空白处点击右键，选择“Create”→“Animation”，输入动画剪辑的名称（如“CharacterRun”）后，即可创建一个新的动画剪辑文件。这个文件就像是一个动画的“容器”，用于存储动画的关键帧和动画数据。

双击创建的动画剪辑文件，会打开 Animation 窗口。在 Animation 窗口中，开发者可以通过调整游戏对象的属性（如 Position、Rotation、Scale 等），并在不同的时间点添加关键帧，来创建动画（图 3-13）。关键帧是动画中的重要概念，它记录了游戏对象在特定时间点的属性值。例如，制作一个角色走路的动画，首先在时间轴的起始位置（如 0 s 处），将角色的 Position 属性设置为初始位置，这就是一个关键帧。然后，在时间轴上拖动时间滑块到 0.5 s 处，根据角色走路的步伐，调整角色的 Position 和 Rotation 属性，使其向前移动并改变朝向，接着点击属性栏右侧的 “+” 图标添加关键帧。通过在不同时间点不断添加关键帧，并调整游戏对象的属性，就可以形成连续的动画效果。在添加关键帧时，还可以对关键帧的插值方式进行设置，如线性插值、平滑插值等，以控制动画的过渡效果，使动画更加自然流畅（图 3-14）。

Animator 组件用于更复杂的动画状态管理，它基于动画状态机的概念工作（图 3-15）。动画状态机可以理解为一个可视化的流程图，用于管理多个动画状态，并定义状态之间的过渡条件，实现动画的智能切换。在 Hierarchy 面板中选中包含动画的游戏对象，在 Inspector 面板中点击 “Add Component”，搜索并添加 “Animator” 组件。接着，双击 Animator 组件中的 “Controller” 属性，打开 Animator 窗口。

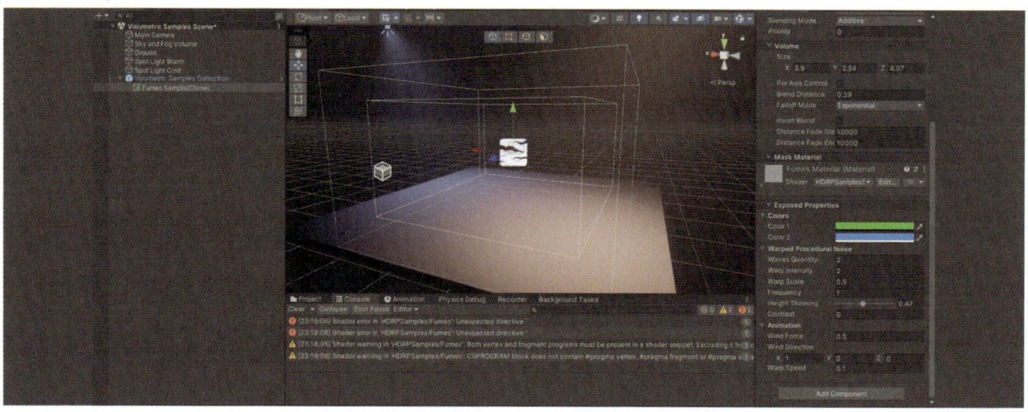

图 3-13　动画剪辑界面

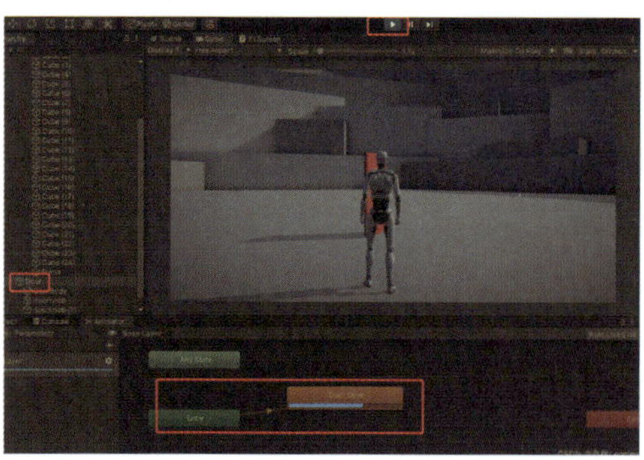

图 3-14　动画关键帧设置

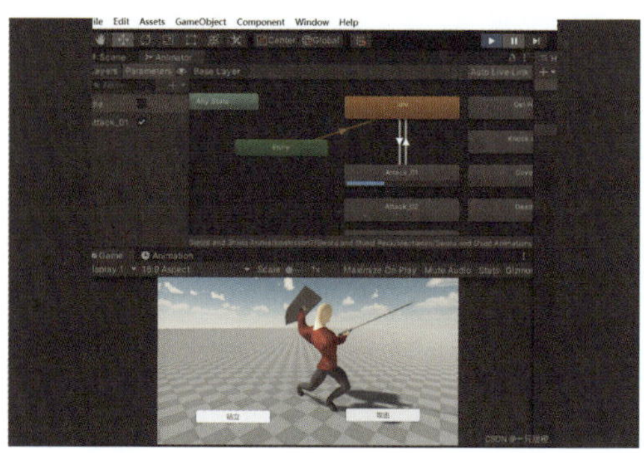

图 3-15　Animator 动画组件

在 Animator 窗口中，右键点击空白处，选择“Create State”→“Empty”创建一个新的动画状态，然后将之前创建好的动画剪辑从 Project 面板拖放到该状态上，完成动画状态与动画剪辑的关联。按照同样的方法，创建多个动画状态，如“CharacterIdle”（角色站立）、“CharacterJump”（角色跳跃）等。之后，通过鼠标拖动连接不同的动画状态，创建状态之间的过渡箭头。

选中过渡箭头，在 Inspector 面板中设置过渡条件，例如设置从“CharacterIdle”到“CharacterRun”的过渡条件为“Speed > 0.1”，即当角色的移动速度大于 0.1 时，动画从站立状态切换到奔跑状态。

在 C# 脚本中，也可以对动画进行控制。例如，创建一个新的 C# 脚本文件（如“AnimationController.cs”），并将其挂载到包含动画的游戏对象上。在脚本中添加如图 3-16 所示的代码。

```
using UnityEngine;
public class AnimationController : MonoBehaviour
{
    private Animator animator;
    void Start()
    {
        animator = GetComponent<Animator>();
    }
    void Update()
    {
        if (Input.GetKey(KeyCode.W))
        {
            animator.SetBool("IsWalking", true);
        }
        else
        {
            animator.SetBool("IsWalking", false);
        }
    }
}
```

图 3-16 角色走路代码

这段代码实现了当按下键盘上的 W 键时，角色播放走路动画，松开时停止播放的功能。

二、AR 环境中的音效与声音交互

在 AR 环境中，音效的合理运用能够极大地增强用户的沉浸感和交互体验。为游戏对象添加声音，主要通过 Audio Source 组件来实现。在 Hierarchy 面板中选择需要添加声音的游戏对象，在 Inspector 面板中点击“Add Component”按钮，搜索并添加“Audio Source”组件。

将准备好的音频文件从 Project 面板拖放到 Audio Source 组件的“AudioClip”属性中，即可完成音频资源的设置。例如，为一个点击按钮的游戏对象添加点击音效，将对应的音效文件拖放到“AudioClip”属性。同时，还可以对 Audio Source 组件的其他属性进行调整，如“Volume”属性用于控制音量大小，“Pitch”属性可改变音频的音调，若勾选“Loop”属性则表示音频循环播放（图 3–17）。

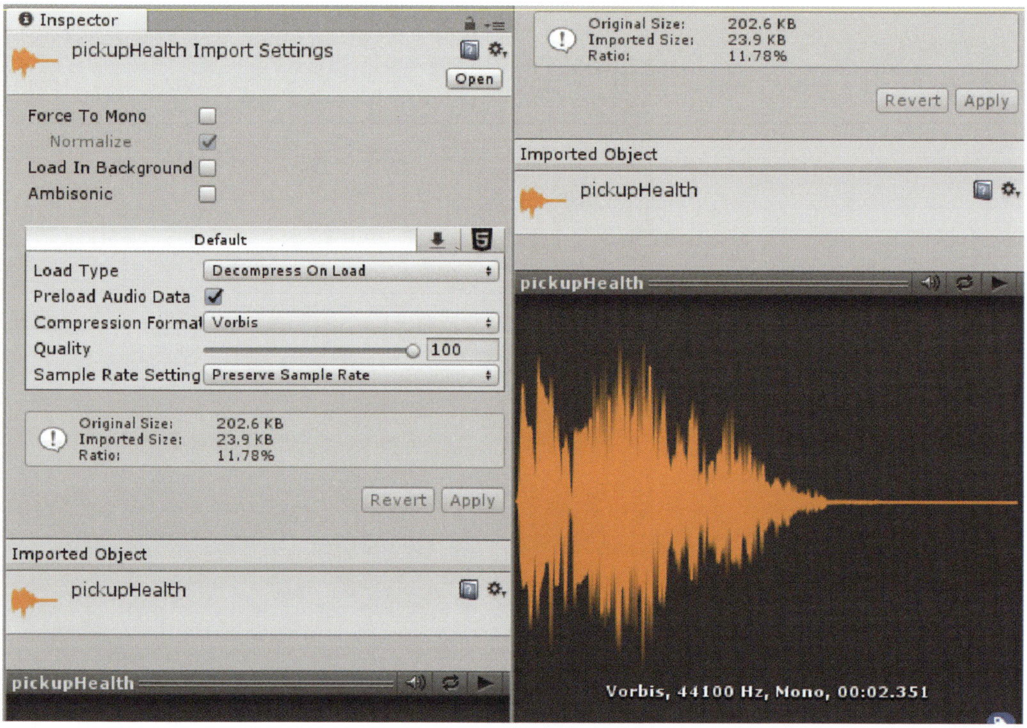

图 3–17　音频文件设置面板

在动画播放过程中，也可以在特定关键帧或事件中触发声音播放。以角色跳跃动画为例，在 Animation 窗口中，选中跳跃动画的关键帧（如角色起跳瞬间对应的关键帧），在该关键帧处添加一个动画事件。在 Animation 窗口下方的“Events”区域，点击“+”按钮添加新事件，然后指定事件对应的方法。在 C# 脚本中编写该方法，实现播放跳跃音效的功能（图 3–18）。

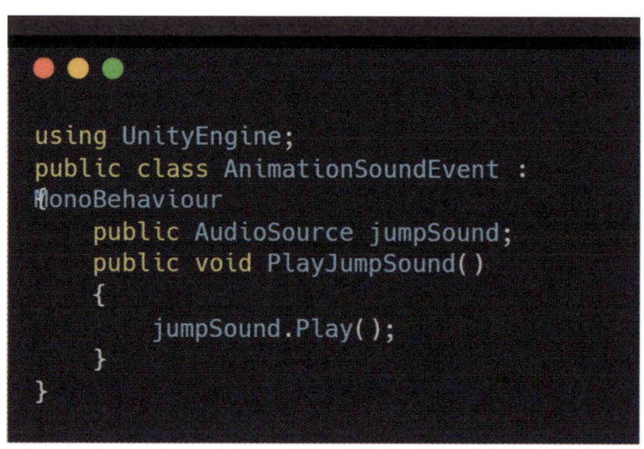

图 3–18　跳跃音效代码

将上述脚本挂载到角色游戏对象上，并将跳跃音效对应的 Audio Source 组件赋值给脚本中的

“jumpSound”变量。这样，当角色播放跳跃动画到指定关键帧时，就会触发跳跃音效的播放。

此外，在 AR 场景中利用空间音频技术，可以让声音根据游戏对象在场景中的位置产生逼真的空间效果。在 Audio Source 组件中，将“3D Sound Settings”下的“Spatial Blend”属性设置为1，此时音频将变为3D 音效。当用户在AR场景中靠近某个发声物体时，声音会变大；远离时，声音会变小，模拟真实环境中的听觉体验。还可以通过调整“Min Distance”和“Max Distance”属性，控制声音在近距离和远距离的衰减效果。

第四节　场景搭建与用户界面设计

一、场景构建与 AR 视图管理

在 Unity 中搭建场景，需要综合运用多种元素和技术。模型预制体（Prefab）是提高开发效率的重要工具，它是可复用的游戏对象模板。在 Project 面板中创建“Prefabs”文件夹，将需要制作成预制体的游戏对象从 Hierarchy 面板拖放到该文件夹中，即可创建预制体。例如，在一个城市游览项目中，将制作好的房屋、树木等模型分别制作成预制体。使用时，从“Prefabs”文件夹中拖动预制体到 Scene 视图或 Hierarchy 面板，就能快速创建多个相同或相似的游戏对象，并且对预制体的修改会自动应用到所有实例上，方便批量管理和更新场景元素（图 3–19）。

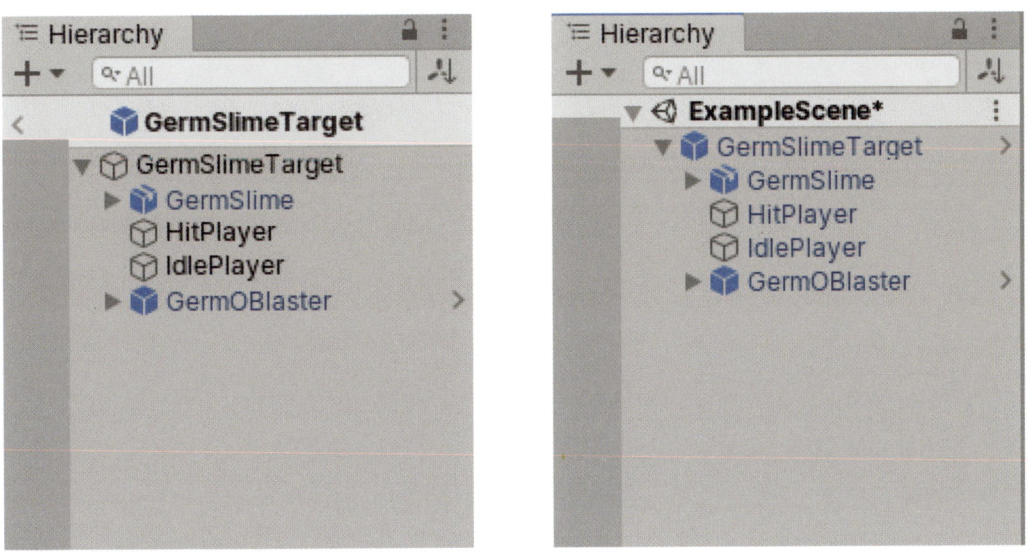

（a）预制件在预制模式下包含（嵌套）　（b）场景中的预制件实例

图 3–19　Hierarchy 面板

灯光在场景中起着塑造氛围和增强真实感的关键作用。Unity 提供了多种类型的灯光，如 Directional Light（平行光）、Point Light（点光源）、Spot Light（聚光灯）等。Directional Light 模拟太阳光等远距离光源，其光线平行且无衰减，常用于照亮整个场景，确定主光照方向。在 Hierarchy 面板中空白处点击右键，选择“Light” → “Directional Light”即可创建平行光，在 Inspector 面板中可调整其颜色、强度、阴影等属性。Point Light 从一个点向各个方向发射光线，光线随距离衰减，可用于模拟灯泡、火炬等光源效果。Spot Light 发射锥形光线，仅照亮锥形范围内的物体，适合模拟手电筒、舞台聚光灯等场景。通过合理组合不同类型的灯光，能够营造出丰富多样的场景氛围（图 3-20）。摄影机定义了游戏的视角，每个 AR 场景至少需要一个摄影机。在 Scene 视图中，通过移动和旋转摄影机对象，可调整其位置和角度，改变游戏视角。在 Inspector 面板中，还能设置摄影机的参数，“Field of View”（视野范围）决定了摄影机可视区域的大小，值越大视野越广；“Near Clip Plane”（近裁剪平面）和“Far Clip Plane”（远裁剪平面）用于设置摄影机能够看到的最近和最远距离，进行合理设置可避免近距离或远距离物体显示异常。

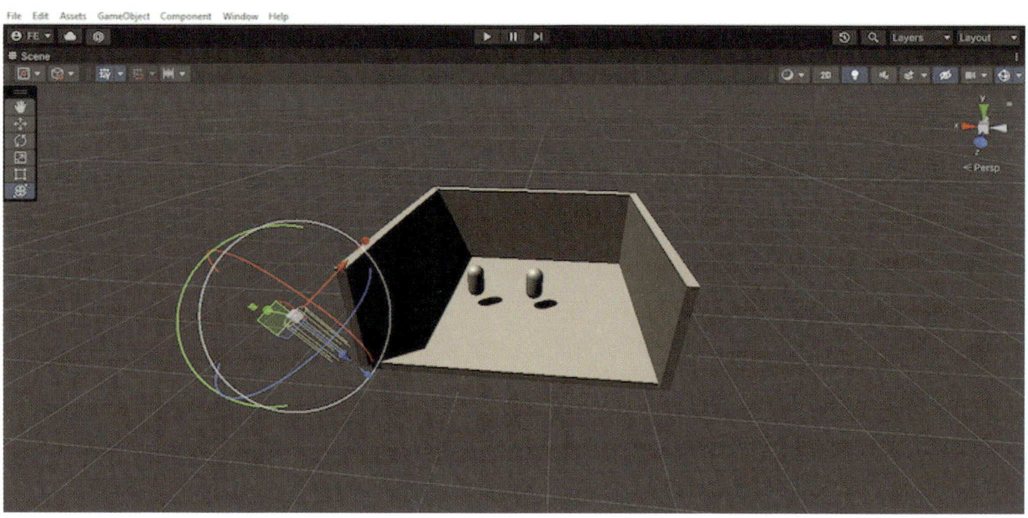

图 3-20 灯光面板

对于利用 AR Foundation 等框架实现平面检测、物体追踪等功能，能让虚拟内容与现实场景更好地融合。在 Hierarchy 面板中添加“AR Session”和“AR Session Origin”组件，运行项目后，AR 设备会自动检测现实环境中的平面。当检测到平面时，可以在该平面上生成虚拟物体。例如，在检测到的桌面平面上生成一个虚拟的 3D 模型，通过代码控制模型的生成位置和大小（图 3-21）。

```
using UnityEngine;
using UnityEngine.XR.ARFoundation;
using UnityEngine.XR.ARSubsystems;
public class PlaceObjectOnPlane : MonoBehaviour
{
    public GameObject objectToPlace;
    private ARRaycastManager raycastManager;
    void Start()
    {
        raycastManager = GetComponent<ARRaycastManager>();
    }
    void Update()
    {
        if (Input.touchCount > 0 && Input.GetTouch(0).phase == TouchPhase.Began)
        {
            Ray ray = Camera.main.ScreenPointToRay(Input.GetTouch(0).position);
            System.Collections.Generic.List<ARRaycastHit> hits = new
System.Collections.Generic.List<ARRaycastHit>();
            if (raycastManager.Raycast(ray, hits, TrackableType.PlaneWithinPolygon))
            {
                Pose hitPose = hits[0].pose;
                Instantiate(objectToPlace, hitPose.position, hitPose.rotation);
            }
        }
    }
}
```

图 3-21 控制模型位置代码

上述代码实现了在 AR 场景中点击屏幕，在检测到的平面上生成虚拟物体的功能。

二、用户交互与界面设计原则

用户界面（UI）设计直接影响用户体验。Unity 提供了多种 UI 系统，其中 uGUI（Unity UI 软件包）应用较为广泛。Canvas（画布）是 uGUI 系统中的重要组件，用于在屏幕上绘制 UI 元素，是 UI 元素的容器。

Canvas 的渲染模式有 Screen Space-Overlay、Screen Space-Camera 和 World Space。Screen Space-Overlay 模式将 UI 元素置于场景之上渲染，适合传统 2D 界面，如游戏的主菜单、提示信息等；Screen Space-Camera 模式下，UI 在摄像机前一定距离的平面对象上绘制，适合与场景交互的 UI，如游戏中的小地图；World Space 模式使画布行为与场景中其他对象相同，适合 VR/AR 或与 3D 物体交互的 UI，如 AR 应用中悬浮在虚拟物体旁的操作按钮。在 Hierarchy 面板中空白处点击右键，选择“UI” →“Canvas”创建画布，在 Inspector 面板中可设置其渲染模式（图 3-22）。

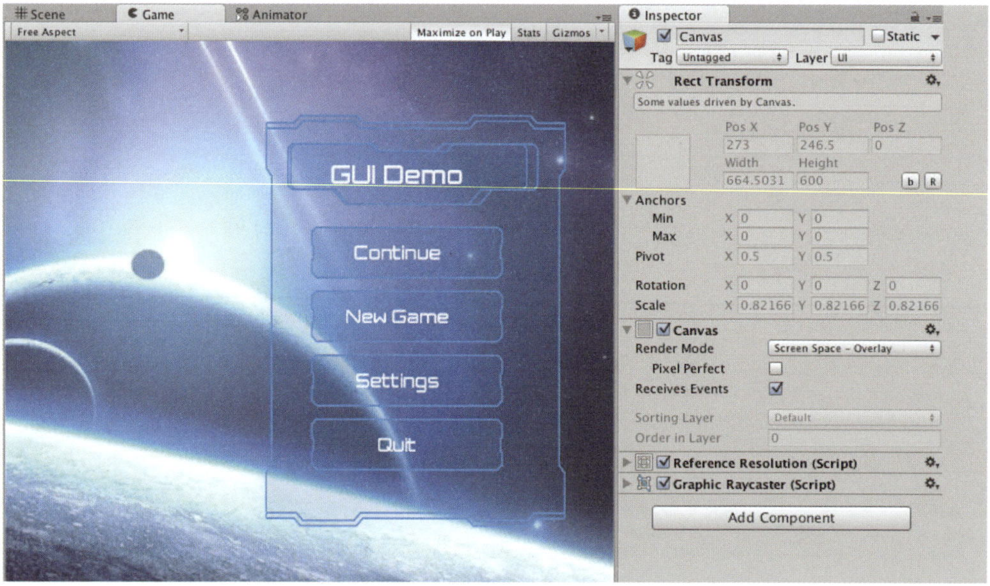

图 3-22 Inspector 面板

UI 元素的布局和交互设计需遵循一定原则。使用 Rect Tool（矩形工具）和 Rect Transform（矩形变换）可方便地定位及调整 UI 元素大小。锚点（Anchors）和轴心（Pivot）在布局中起着关键作用，锚点用于将 UI 元素锚定到父元素的边和中间，或随父元素大小伸展；轴心决定了旋转、缩放等操作的中心点。例如，将一个按钮的锚点设置为屏幕底部中央，当屏幕尺寸变化时，按钮会始终保持在屏幕底部中央位置。

常见的 UI 组件包括可视组件（如 Text、Image、Raw Image、Mask 等）和交互组件（如 Button、Toggle、Slider、Scrollbar 等）。为 Button 添加点击事件，可通过 C# 脚本实现。创建一个新的 C# 脚本（如“ButtonClickScript.cs”），并挂载到 Button 游戏对象上，编写以下代码（图 3-23）。

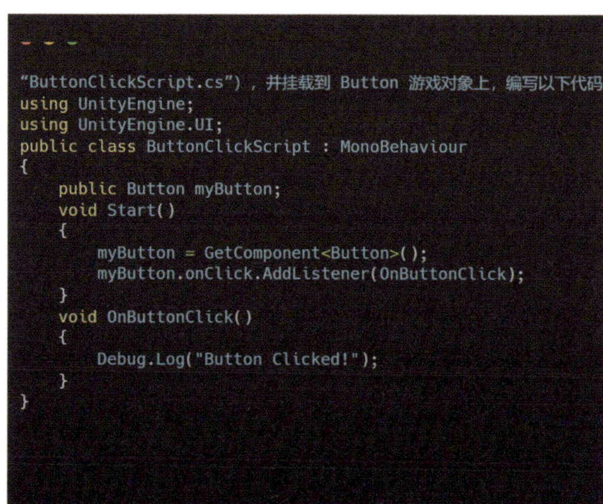

```
"ButtonClickScript.cs"），并挂载到 Button 游戏对象上，编写以下代码：
using UnityEngine;
using UnityEngine.UI;
public class ButtonClickScript : MonoBehaviour
{
    public Button myButton;
    void Start()
    {
        myButton = GetComponent<Button>();
        myButton.onClick.AddListener(OnButtonClick);
    }
    void OnButtonClick()
    {
        Debug.Log("Button Clicked!");
    }
}
```

图 3-23 添加点击事件代码

上述代码实现了按钮点击时在控制台输出信息的功能，实际应用场景、显示隐藏其他 UI 元素等。

第五节　发布与导出

一、项目导出至 iOS、Android 与头戴设备

将 AR 项目导出到不同平台需要进行特定的操作和设置。对于 Android 平台，首先要确保已安装 Android Studio，并在 Unity 的 “Edit” 菜单中选择 “Preferences”，在 “External Tools” 中设置 Android SDK 路径，使 Unity 能够找到 Android 开发所需的工具和资源。

在 Unity 中，选择 “File” → “Build Settings”，在 “Build Settings” 窗口中选择 “Android” 平台，点击 “Switch Platform” 按钮切换平台。接着，在 “Player Settings” 中配置应用的基本信息，如 Bundle Identifier（包标识符）、Version（版本号）等。还可以设置屏幕方向、分辨率等参数。完成设置后，点击 “Build” 按钮，选择导出路径，Unity 会生成 APK 文件，该文件可安装在 Android 设备上运行（图 3-24）。

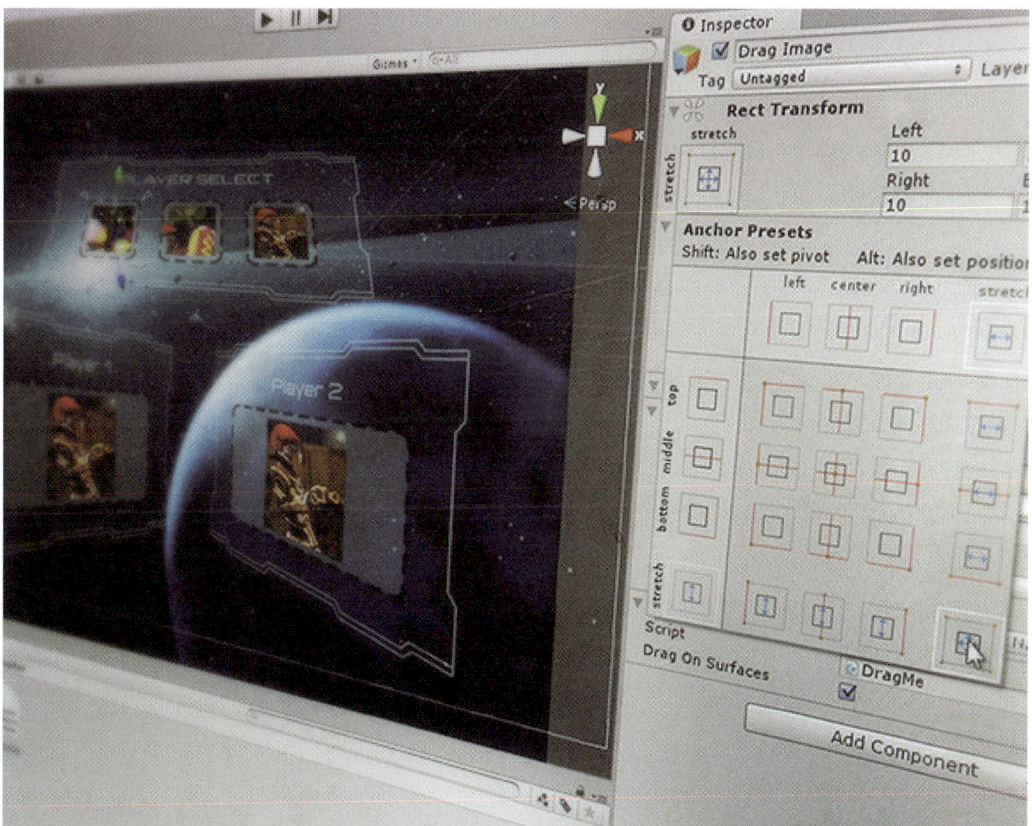

图 3-24　玩家用户界面

导出到 iOS 平台则需要一台 Mac，并安装 Xcode。同样在 Unity 的 “Edit” 菜单的

“Preferences”→“External Tools”中设置 Xcode 路径。在“Build Settings”窗口中选择“iOS”平台，切换平台后，在“Player Settings”中设置 Bundle Identifier、Version 等信息，启用 ARKit 支持，并在“Other Settings”中设置 Camera Usage Description，以请求相机权限。点击“Build”按钮，Unity 将生成一个 Xcode 项目文件。打开生成的 Xcode 项目，进行签名、配置等操作后，即可通过 Xcode 将项目发布到 App Store。

对于 AR/VR 头戴设备，如 Meta（Oculus）的 Quest 系列、PICO 4、HoloLens 等，需要根据设备对应的 SDK 进行集成和设置。以 PICO 4 为例，从官方获取 PICO Unity SDK，将其导入 Unity 项目中。按照官方文档配置项目，设置设备的相关参数，如渲染分辨率、性能模式等。完成设置后，通过 USB 连接 PICO 4 设备，在 Unity 中点击“Build and Run”按钮，即可将项目部署到设备上进行测试和发布。

二、发布平台与优化建议

在发布 AR 项目时，针对不同平台有不同的优化要点。在 Android 平台上，要注意选择合适的最低 API 级别。同时，合理设置屏幕方向，在 Resolution and Presentation 中选择合适的默认方向，如 Landscape Left，以适配不同的设备屏幕。此外，优化资源加载，避免在启动或运行过程中出现长时间的卡顿。可以使用 AssetBundle 技术，将资源进行打包，按需加载，减少初始加载时间。

在 iOS 平台上，确保 Xcode 工程配置正确，启用 ARKit 支持，并设置 Camera Usage Description 以请求相机权限。优化应用的性能，减少资源占用，提高加载速度。例如，对模型进行优化，减少面数和纹理大小；压缩音频和视频文件。对于 AR/VR 头戴设备，要充分考虑设备的性能和特点。例如，VR 设备对帧率要求较高，需优化模型和场景，避免出现卡顿现象。可以使用 LOD（Level of Detail，细节层次）技术，根据物体与摄像机的距离，切换不同 LOD 的模型，减少渲染压力。AR 设备则要注重虚拟内容与现实场景的融合效果，优化平面检测、物体追踪等功能的准确性和稳定性。

在构建 AR 应用时，还需注意一些通用的发布选项（图 3-25）。在 Player Settings 中配置应用名称、包名、图标、启动画面等信息，包名需与 AR SDK 的密钥匹配。对于某些 AR SDK，如 EasyAR，可能需要取消 Auto Graphics API 并选择 OpenGLES2，以确保兼容性。同时，利用 Unity Profiler 等工具进行帧率分析，排查性能问题，如使用 OpenGLES + MultiView 时出现崩溃，需删除未使用的 URP Package，确保 ARCore/ARKit 的兼容性，检查设备支持情况，提升应用的整体质量（图 3-26）。

图 3-25　视频播放器组件

图 3-26　ARCore 官网图例

CHAPTER 4　FUNDAMENTALS OF AR INTERACTION DESIGN

第四章

AR交互设计基础

04

第一节　用户体验与空间交互

在 AR 交互设计中，用户体验是核心，需遵循一系列原则来打造卓越体验。在 AR 场景里，用户身体成为与虚拟世界互动的关键输入设备，这就要求设计师在规划交互流程和布局界面时，充分考虑用户身体动作的自然性和便捷性，确保操作的可用性和舒适度，并与周围环境相适配。

一、核心原则

依据 Interaction Design Foundation（总部位于丹麦的一家在线非营利教育机构）的研究，AR 交互设计需特别关注用户身体姿态。过度转身和频繁抬头等动作可能导致用户产生晕动症，影响使用感受甚至使用户反感 AR 应用。为降低这种风险，设计师应合理安排交互元素位置，让核心功能能在用户自然姿态下完成操作。

当文本和控件投射到真实背景上时，可读性常受影响，复杂背景会干扰用户识别，阻碍信息传递。尼尔森诺曼集团（NNG，在用户体验领域享有极高声誉的机构）建议为 UI 元素添加半透明或实色背景来解决此问题。例如在 AR 博物馆导览应用中，为文物介绍文本和操作按钮添加半透明背景，既能清晰呈现信息，又不会过度遮挡真实场景，方便用户阅读和操作（图 4-1）。

图 4-1　AR 博物馆导览应用

“近用远览”原则是 AR 交互设计的重要准则。将高频交互元素，如确认按钮、核心导航按钮等，放置在用户视线中心 20° ～30° 范围内，方便快速操作；状态提示、辅助说明等次要信息以浮标形式展示在周边视野区域。如 AR 购物应用中（图 4–2），高频操作按钮在视线中心附近，商品详细参数等次要信息以浮标展示，既不影响主要操作，又方便用户查看。

为避免虚拟内容遮挡真实世界重要信息，虚拟面板可采用可调透明度和羽化边缘策略。可调透明度可根据场景需求灵活调整，羽化边缘能让虚拟面板与真实背景自然过渡，减少突兀感。通过实时光照估计技术，使 UI 与环境光影一致，增强融合感。在 AR 导航应用中，虚拟导航面板会根据环境光照自动调整透明度，羽化边缘设计使其融入真实场景，提升视觉体验（图 4–3）。

图 4–2　AR 购物应用

图 4–3　AR 导航应用

二、三维空间交互模型

传统平面交互主要依赖单点点击，AR 交互将交互空间拓展到三维领域。在 AR 交互中，SLAM 技术至关重要，ORB–SLAM3 是较为成熟的视觉 – 惯性融合方案，能在单目、双目与 RGB–D 设备上实现厘米级跟踪精度。

当用户在 AR 场景中移动时，系统需不断重定位相机姿态，保证虚拟物体与真实世界几何关系同步，使虚拟物体有“贴附感”。这个过程包含环境扫描、特征提取、地图更新和虚拟锚点绑定四个阶段。以 AR 室内家具摆放应用为例（图 4–4），启动应用后，手机摄像头和惯性测量单元（IMU）协同工作，对房间进行扫描，获取图像和姿态数据；系统提取特征点和平面信息构建地图模型；随着用户移

图 4–4　AR 室内家具摆放应用

动，系统持续更新地图；最后将虚拟家具模型绑定到虚拟锚点上，用户就能直观地看到家具在房间中的摆放效果。

三、用户路径与行为分析

了解用户在 AR 场景中的行为模式和行动路径对优化交互设计至关重要。热图（Heatmap）和轨迹回放是分析用户行为的有效工具，热图可直观显示用户注视热点，轨迹回放能展示用户移动路径。

在实际项目中，可将用户轨迹与关键节点触发记录在同一平面图上，分析走路路径和注视停留时间，据此优化节点位置，调整信息密度。在高流量区域设置动态指示箭头或声音提示，引导用户前往下一个交互点。如 AR 景区导览应用中，根据用户轨迹调整导览信息节点位置，并设置动态指示箭头，提升了用户获取信息的效率（图 4-5）。

图 4-5　AR 景区导览应用

四、多模态交互策略

单一交互方式在 AR 场景中存在局限性，易受环境制约且可能导致用户疲劳。多模态交互策略将手势、注视、语音等多种交互方式结合，让用户在不同场景下灵活切换操作模式，提升交互流畅度和满意度。

以某家装品牌手机应用程序为例，在移动家具场景中集成手势 + 注视 + 语音三模态输入。用户可用手指捏合手势选中并拖动家具模型，通过注视判定目标，用语音命令调整家具大小或朝向（图 4-6）。研究表明，手势适合精细操作但易手部疲劳，视线定位速度快、效率高，语音适合发起宏观指令。在 AR 游戏中，玩家通过多种交互方式，提升了沉浸感和趣味性。

图 4-6　某家装品牌应用程序

IKEA Place 是基于 Apple ARKit 的家居摆放应用程序，用户借助手机摄像头可预览家具在真实房间中的摆放效果（图 4-7）。在空间交互设计方面，手机应用程序启动后引导用户扫描房间平面，利用 ARKit 的平面检测功能生成平面检测网格，并在视图中央呈现“放置点”指示器，帮助确定家具放置位置。用户通过触摸屏幕放置虚拟家具，支持捏合缩放与拖拽旋转操作，操作简单直观。可用性测试结果良好，98% 的试用者在 2min 内完成首件家具放置，86% 的试用者认为 “不需要阅读说明即可上手”。团队还针对低光环境优化了模型对比度，在 UI 元素背板添加动态阴影与轮廓描边，提升了应用程序的适用性和用户体验感。

图 4-7　IKEA Place 手机应用程序

第二节　虚拟与现实的界面整合

一、混合界面设计思维

在 AR 领域，混合界面设计要求设计师突破传统平面屏幕思维，将虚拟元素视为真实世界的有机组成部分。Meta 公司旗下 Quest 系列头显搭载的 Horizon OS 操作系统官方指南提出将 UI 元素看作“空间伙伴”的理念，设计时需考虑 UI 元素在三维空间中的位置、尺寸、深度及与周围物体的关系。

交互设计协会强调“光照一致性”和“交互反馈一致性”的重要性。虚拟内容的阴影、反射与动画效果应与环境逻辑同步，否则会破坏沉浸感。如设计 AR 室内场景时，虚拟家具的阴影应根据真实光源渲染，动画效果应符合现实物理规律（图 4-8）。“空间伙伴”理念要求思考虚拟元素在真实空间中的表现，场景响应则强调 UI 要对用户动作和环境变化做出响应。Nielsen Norman Group 建议将可选面板与按钮设计为可收起状态，减少对用户视野的干扰。在 AR 导航应用中，导航面板可收起和呼出，既不影响用户观察真实场景，又能及时提供导航帮助。

图 4-8　AR 室内场景

二、2D HUD 与 3D 对象叠加

1. 2D HUD 设计要点

2D HUD（平视显示器）在 AR 交互中起到重要作用，设计要点包括视角同步、可见性与轻量化以及可收起和呼出功能（图 4-9）。视角同步要求 HUD 元素与用户头部或手机视图同步移动，避免“漂移”或“跟不上视线”，否则会导致用户认知不适（图 4-10）。

在 AR 游戏中，HUD 上的生命值、弹药量等信息始终与用户视角同步，方便用户了解游戏状态。

在可见性与轻量化方面，HUD 区域不应占据超过 20% 的视野面积，文字与图标要有足够对比度，最好带半透明背板或轮廓描边，以在复杂背景下清晰可读。在 AR 导航应用中，导航指示图标和文字带有半透明背板，便于用户识别（图 4-11）；提供手势或语音命令收起 HUD，让用户在纯粹环境视图与信息视图间自由切换。在 AR 导览应用中，用户可通过手势操作收起 HUD，专注欣赏景点，需要时再呼出查看导览信息。

图 4-9　2D HUD（平视显示器）

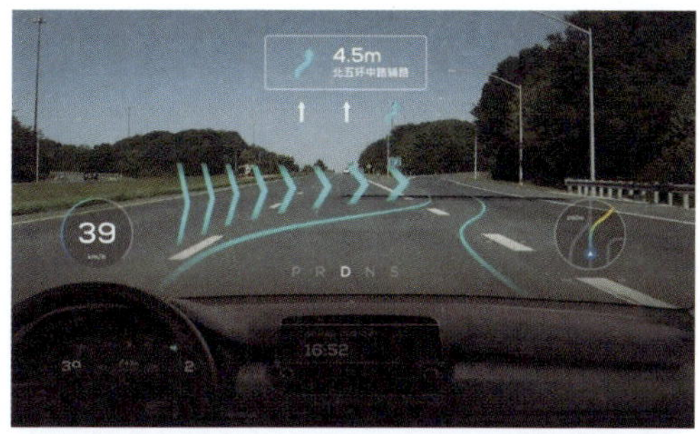

图 4-10　视角同步

图 4-11　AR 导航应用

2. 3D 对象叠加要点

3D 对象叠加需关注光照估计、阴影与接触以及深度线索等方面。利用 ARCore/ARKit 的环境光估计 API，将真实世界的光照方向和强度应用于虚拟物体，确保阴影与高光与环境一致。在 AR 家居展示应用中，虚拟家具的阴影和高光根据房间真实光照渲染，增强真实感和融入感（图 4-12）。

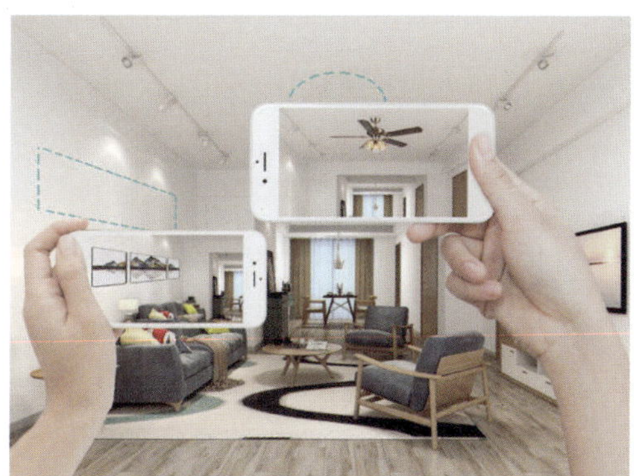

图 4-12　AR 家居展示应用

在虚拟对象与真实地面或墙面接触处添加接地阴影，增强“贴地”感，可采用专门的“阴影接收面”材质。在AR场景中，虚拟箱子放置在真实地面上时，添加接地阴影使其看起来更稳固。通过物体遮挡、环境反射或虚实边界羽化等方式，让用户判断虚拟物体与真实物体的空间关系。在游戏中，当虚拟角色站在真实桌子后面时，通过物体遮挡和虚实边界羽化，用户能清晰感知空间关系，增强场景层次感和真实感（图4-13）。

图4-13　AR游戏

三、虚实边界可视化表达

为帮助用户区分虚拟元素与真实背景，减少冲突与错觉，常用半透明边缘、动态透明度和阴影对比等策略。为虚拟面板或指示箭头添加羽化边缘，使其与真实背景平滑过渡，减少突兀感。在一款AR导览应用中，虚拟导览箭头带有羽化边缘，与真实场景融合自然（图4-14）。根据用户与元素的距离自动调整透明度，靠近时元素更不透明以强调交互，远离时更透明以降低干扰。在AR购物应用中，当用户靠近虚拟商品展示区时，商品介绍面板更不透明，远离时透明度增加（图4-15）。利用环境信息建立“对比度锚点”，在亮区域投射深色阴影，在暗区域投射浅色阴影，保证阴影可见且真实感更强。在不同光照环境的AR场景中，虚拟物体阴影会根据环境亮度进行调整。

图4-14　AR导览应用

图4-15　AR购物应用

图 4-16　Niantic AR 宠物养成手游

Niantic 的 AR 游戏《Peridot》在虚拟宠物行为决策中集成 Llama 模型，根据识别到的真实环境生成相应互动动画（图 4-16）。虚拟小生物会在桌面上打滚或在花盆周围探险，UI 设计采用 3D 弹出气泡与半透明 HUD，保持“童趣”体验且不遮挡核心互动区域，体现了语义驱动的虚实交互设计和合理界面布局的重要性。

Sony Sketched Reality 让用户在 iPad 上绘制虚拟草图，通过小型可编程机器人（Sony Toio）触碰草图时产生振动反馈。为保证虚实交互边界感，在草图边缘添加“接触区域”虚拟光环，并通过机器人的振动与声效提示用户完成“触碰—反馈”循环，展示了通过物理反馈增强虚实边界感知的创新设计方法。

第三节　情境感知与信息可视化

一、多源传感器融合

情境感知是 AR 交互设计的关键环节，核心是精准识别与理解用户所处环境。AR 系统通过融合定位、视觉、惯性与环境四类传感器数据，构建多维度环境模型。在室外场景中，GPS 提供米级精度地理坐标，用于宏观导航与范围性触发。如“玩转故宫”小程序借助腾讯地图位置服务引擎，实现对游客在紫禁城内的精确定位与路线规划，帮助游客快速找到展馆入口或指定文物展区（图 4-17）。

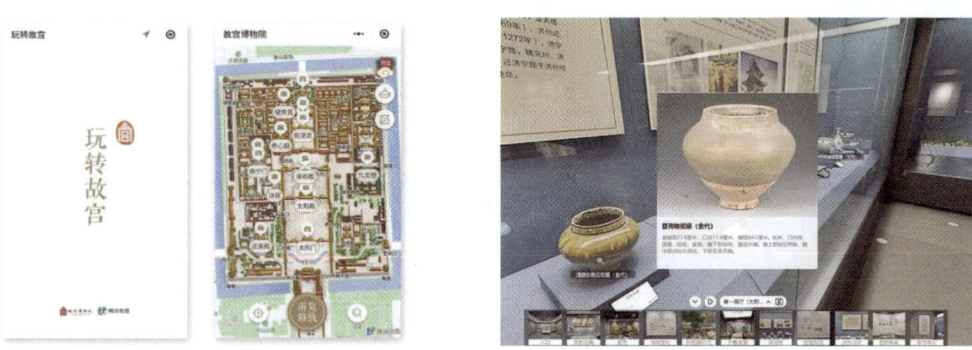

（a）“玩转故宫”小程序　　（b）“云游故宫”网页端

图 4-17　故宫 AR 导览系统

在室内或复杂室外环境，ORB-SLAM3 能在普通手机上实现厘米级跟踪精度，为虚拟物体提供稳固锚点。惯性传感器（IMU）传感通过加速度计与陀螺仪，补偿视觉跟踪在高动态场景下的短时漂移，提高位姿估计的连续性与稳定性。在 AR 游戏中，用户快速动作时，IMU 能及时调整虚拟场景显示，确保画面流畅。

二、分层信息呈现

面对复杂环境和海量数据，合理分层设计是实现信息清晰呈现且不干扰用户视野的关键。常见分层模式有近场优先模式、中场浮标模式和远场导航模式。

近场优先模式将关键数据直接叠加在识别到的真实物体表面，在工业和文化领域广泛应用。在工业场景中，对于 PTC Vuforia Chalk，当工程师靠近阀门等设备时，自动浮现操作步骤与实时温度曲线等信息；在文化领域，襄阳市博物馆与云观博合作的 AR 导览项目，当访客对准文物时，即刻展示 3D 动画、出土地点及年代信息（图 4-18）。中场浮标模式适用于展示次要信息或辅助内容，以半透明浮标形式布置在空中。在旅游导航方面，对于远场导航模式，在大型开放空间中，通过地面或空气虚拟路径指引宏观导航。“玩转故宫”项目利用手绘风格地图与虚拟地面箭头指引游览路线。

图 4-18　襄阳市博物馆馆藏文物

第四节　设计中的沉浸感与参与感

沉浸感是 AR 交互设计的重要追求，源于多感官同步体验。视觉、听觉与触觉反馈融合时，用户会产生强烈的“在场感”。空间音频技术基于头部追踪实现三维立体声效果（图 4-19），让用户在虚拟场景中精准定位声音来源，提升沉浸度。环境反馈借助外部设备，如风扇、暖气、LED 灯等，在特定场景强化沉浸感。《2024 中国沉浸产业发展白皮书》显示，多模态感官融合项目用户体验评分比仅依赖视听的项目高出 15%。

图 4-19　用户沉浸式体验

游戏化将游戏元素融入非游戏场景，激发用户探索欲和参与感。在AR导览中设置“打卡点”，用户完成打卡获积分与徽章，能提高参与度。实时反馈结合多种感官效果，用户完成交互后获得愉悦回馈，增强成就感。例如操作完成时设备播放动画并给予振动反馈。社交排行榜刺激用户竞争意识，在展览或活动中展示积分排名，用户为提升排名而积极参与并分享成果。故事化任务将用户置于虚拟角色扮演框架下，增加交互趣味性和沉浸感。多学科数字出版机构（MDPI）期刊研究表明，游戏化短期内可显著提升参与度，但长期需要不断更新内容。

场景切换在 AR 应用中非常常见，如处理不当会破坏沉浸体验。合理的过渡动画与动态动效能维持时空连续性。动效设计遵循淡入淡出、缩放、方向一致、速度平衡、分级排序、空间感等原则。淡入淡出通过透明度渐变切换视图；缩放提供空间深度感；方向一致使动画方向符合用户视线移动习惯；速度平衡将过渡时间控制在合适范围；分级排序确保核心元素优先显现；空间感强化虚拟与现实空间连续性。

CHAPTER 5
AR SPATIAL STORYTELLING

第五章

AR 空间叙事

05

第一节　空间叙事与虚拟场景建构

一、空间叙事的基本概念与方法

1. 什么是空间叙事

空间叙事（spatial narrative），从本质上讲，是一种突破传统线性叙事模式的信息传达与故事讲述方式。在传统的小说、电影等叙事媒介中，故事往往遵循着明确的线性结构，从开头、发展，再到高潮和结局，按部就班地展开。读者或观众在这个过程中处于相对被动的接收状态，只能按照创作者预设的顺序去理解故事内容。而空间叙事截然不同，它将空间结构与环境作为核心要素，用户不再是被动的接收者，而是通过自身的"走动"与"探索"积极参与到故事的构建和解读中。空间在这个过程中不再仅仅是故事发生的背景，而是成为信息传达的重要载体。每一个空间元素，无论是建筑、街道还是广场，都可能蕴含着丰富的叙事信息。

在 AR 技术的加持下，空间叙事更是如虎添翼。AR 技术能够将虚拟内容与现实环境巧妙地融合在用户的视野中，使得场所感、用户的行为路径以及物体之间的关系都成为叙事的有机组成部分。以基于 AR 的历史街区导览为例，当用户漫步在古老的街道上，每移动到一个特定的位置，就可能触发一段与之相关的历史故事片段。这些故事片段并非固定不变的，其触发顺序和组合方式完全取决于用户的行动路线，这就为每一位用户创造了独一无二的体验路径。这种个性化的叙事体验，正是空间叙事在 AR 技术支持下的独特魅力所在。

2. 空间叙事的主要方法

为了更好地实现空间叙事，以下总结出几种行之有效的构建方法。

（1）节点评述法（landmark narrative）。在该方法中，空间中的关键节点，如具有代表性的建筑、标志性的雕塑或者广为人知的地标，被设定为叙事的触发点。当用户靠近这些目标或者使用设备扫描它们时，就能获取与之相关的丰富内容，包括图文介绍、音频讲解、生动的 3D 模型等。以一座城市的著名广场为例，广场上的纪念碑就可以作为一个关键节点。当用户靠近纪念碑时，手机上的 AR 应用会弹出关于这座纪念碑的建造背景、所纪念事件和人物的详细图文介绍，同时可能伴有一段专业的音频讲解，让用户仿佛穿越时空，回到那个特定的历史时期。如果纪念碑的某些部分在历史变迁中有所损坏，还可以通过 3D 模型展示其最初的完整面貌，使信息的传达更加直观和生动。

（2）线性路径法（linear path narrative）。该方法将叙事内容沿着一条预先设定好的路径进行布置，用户需要按照这条路线依次体验故事的发展。该方法特别适用于导览类项目，比如博物馆导览、景区游览等。以博物馆为例，当用户开启 AR 导览功能后，系统会根据展厅的布局和展品的陈列顺序为用户规划一条最佳的参观路线。用户沿着这条路线前行，每到达一个展品前，AR 应用就会介绍该展品的相关信息，包括年代、材质、背后的故事等。这种方式能够确保用户有条不紊地了解整个展览的内容，避免遗漏重要信息，同时能帮助用户更好地理解展品之间的逻辑关系。

（3）非线性交互法（non-linear narrative）。与线性路径法相反，非线性交互法将叙事内容广泛地分布在整个空间中，用户可以自由选择触发的顺序，从而实现个性化的叙事路径。这种方法给予了用户极大的自主选择权，能够充分满足不同用户的兴趣和需求，增强用户的参与感。在一个以虚拟童话世界为主题的 AR 体验空间里，用户进入后会发现多个不同的场景区域，如森林、城堡、花园等。每个区域都隐藏着不同的故事线索和任务，用户可以根据自己的喜好选择先去哪个区域探索。比如，喜欢冒险的用户可能会先前往城堡，寻找神秘宝藏的线索；喜欢浪漫情节的用户则可能会先去花园，聆听花朵精灵的故事。这种非线性的叙事方式，让每一次体验都充满了惊喜和新鲜感。

（4）环境响应法（environmental trigger）。借助现代科技中的环境传感器，如 GPS 传感器、光线传感器、声音传感器等，环境响应法可以根据真实世界的状态，动态地触发不同的叙事内容。在一个以自然生态为主题的 AR 体验中，当用户身处森林中时，GPS 传感器可以确定用户的位置，根据不同的地理位置，AR 应用展示该区域特有的动植物信息。如果光线传感器检测到光线变暗，可能触发关于夜晚森林生物活动的故事；而当声音传感器捕捉到鸟鸣声时，系统会介绍这些鸟类的习性和特点。这种与现实环境紧密结合的叙事方式，使故事更加贴近用户的实际体验，增强了故事的真实性和吸引力。

空间叙述模型叙事如图 5-1 所示。

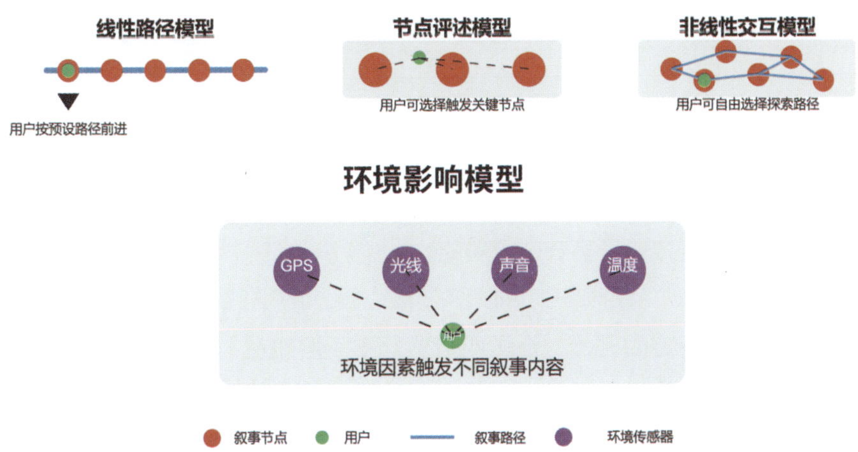

图 5-1　空间叙述模型叙事

以上前三种常见的空间叙事法中，线性路径法就像一条清晰的直线，用户沿着固定的路线前进；节点评述法是在空间中分布着多个独立的节点，用户通过到达这些节点获取信息；非线性交互法则呈现出一种自由、开放的形态，用户可以在各个叙事元素之间自由穿梭。

二、虚拟场景的构建与交互体验设计

1. 虚拟场景在 AR 叙事中的作用

虚拟场景是增强现实叙事的核心载体，它在 AR 叙事中扮演着至关重要的角色。通过在现实环境中叠加三维模型、动画角色、虚拟物品等丰富的内容，虚拟场景构建出一个具有空间结构和视觉深度的“故事场”。这个“故事场”不仅仅是视觉上的呈现，更是一种能够让用户沉浸其中的语境，深刻地影响着用户的感知、行为和情感（图 5-2）。

图 5-2　游戏界面

在叙事设计中，虚拟场景具有多重功能。

（1）构建背景信息。虚拟场景可以通过精心设计的空间布景、独特的光影氛围以及虚拟声场，营造出特定的时代、地域或情感背景。例如在一个以古代丝绸之路为主题的 AR 叙事项目中，虚拟场景通过搭建具有西域特色的建筑、沙漠地貌，配合昏黄的光线效果和悠扬的驼铃声，让用户仿佛穿越回古代，亲身感受丝绸之路的繁华与神秘。这些背景信息的构建，为故事的展开奠定了坚实的基础，帮助用户更好地理解故事发生的情境。

（2）引导用户行为。虚拟场景中设置的虚拟标识、醒目的视觉提示和声效线索，能够有效地引导用户的探索路径和关注点。在一个 AR 游戏中，当玩家需要寻找特定的任务物品时，虚拟场景会在物品所在方向显示一个闪烁的箭头标识，同时伴有轻微的提示音效，引导玩家前往目标地点。这种引导方式既不会让玩家感到突兀，又能帮助他们顺利推进游戏进程，增强游戏的趣味性和流畅性。

（3）作为故事角色。虚拟场景本身也可以具备拟人化的特征，与用户进行互动，甚至成为叙事的主体。例如在一个以环保为主题的 AR 体验中，虚拟场景中的森林可以“说话”，向用户讲述森林所面临的生态危机，以及人们可以采取的保护措施。这种将场景角色化的设计，使故事更加生动有趣，也更容易引发用户的情感共鸣，让用户更加积极地参与到故事所传达的主题中。

2. 交互体验设计的原则

在 AR 空间叙事中，交互体验设计直接影响着用户对整个叙事过程的感受和参与度。因此，在设计过程中必须充分考虑用户的身体动作、视线轨迹、交互时机等因素，遵循以下几个关键原则。

（1）感知可达性（perceptual accessibility）。确保用户能够及时发现并理解虚拟内容的位置、作用与交互方式至关重要。这就要求虚拟内容在设计上具有足够的显著性和明确的提示。比如，在 AR 游戏中，重要的任务物品可以设计成发光的特效，使其在复杂的场景中脱颖而出，吸引用户的注意力；同时，当用户靠近可交互的物体时，屏幕上可以弹出简洁明了的提示图标，告知用户可以进行何种操作，如点击、拖动等。这样用户就能轻松地感知到虚拟内容的存在和交互方式，避免因找不到交互点或不明白如何操作而产生困惑。

（2）自然映射（natural mapping）。交互操作应尽可能符合人类自然行为习惯，避免使用过于复杂的手势或控制器操作。例如，在使用手机进行 AR 交互时，用手指触碰屏幕来点击虚拟物体、用滑动屏幕的方式来浏览虚拟场景等操作，都是基于人们日常使用手机的习惯，容易被用户接受和掌握。相比之下，如果设计一些复杂的手势组合来实现简单的操作，会增加用户的学习成本，降低用户体验。在一些先进的 AR 头显设备中，还可以利用眼神追踪技术，用户只需注视某个虚拟物体，就能触发相应的操作，这种更加自然的交互方式进一步提升了用户的沉浸感和交互效率。

（3）节奏与节制（narrative pacing）。合理安排内容密度与节奏是营造良好叙事体验的关键。内容过于密集会让用户感到信息过载，产生疲劳和压力；内容过于稀疏则会让用户觉得枯燥乏味，失去兴趣。在一个 AR 故事中，可以根据情节的发展合理安排信息的呈现。在故事的开场阶段，适当放慢节奏，以简洁明了的方式介绍故事背景和主要角色，让用户有足够的时间了解故事的基本情况；随着情节的推进，逐渐增加信息的密度和节奏的紧张感，在高潮部分集中展示关键信息，吸引用户的注意力；在故事的结尾阶段，又可以适当放缓节奏，给用户留出回味和思考的时间。这样张弛有度的节奏安排，能够让用户始终保持对故事的关注度和好奇心。

（4）空间一致性（spatial consistency）。确保虚拟内容在空间中的位置稳定性与逻辑连贯性是增强用户沉浸感的重要因素。虚拟物体在空间中的位置应该符合现实世界的物理规律和逻辑关系，避免出现“跳跃”或错位现象。例如在一个 AR 导航应用中，如果虚拟的导航箭头突然从一个位置跳到另一个位置，会让用户感到困惑和不安，影响导航的准确性和用户体验。

为了更清晰地展示用户通过手机探索 AR 故事节点的交互流程，从图 5-3 中可以看到，用户首先打开 AR 应用，进入虚拟场景；然后通过移动手机寻找故事节点，当发现节点时，屏幕上会出现提示；用户点击节点后，会触发相应的故事内容，如音频、视频或文本介绍；用户在查看完内容后，可以选择继续探索其他节点或者结束体验。整个交互流程清晰明了，符合用户的操作习惯。

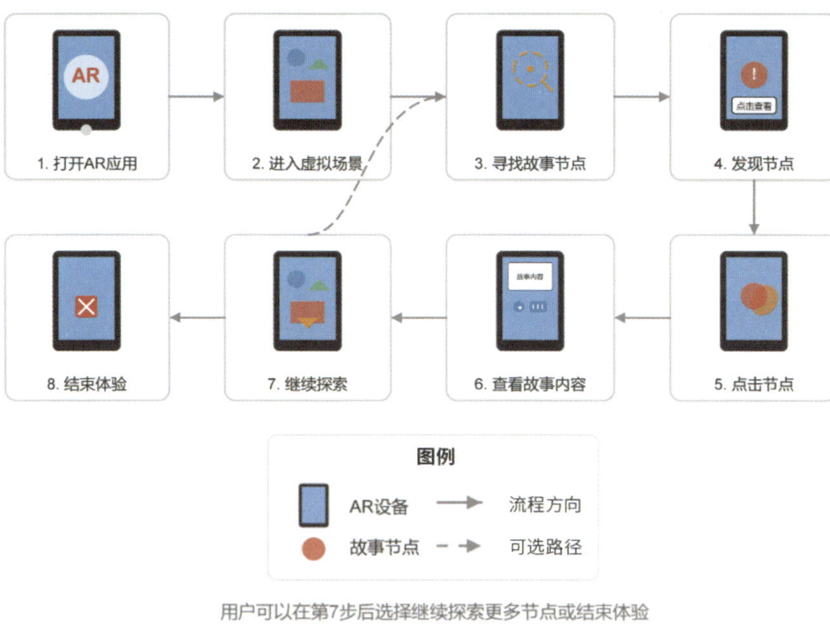

图 5-3　用户通过手机探索 AR 故事阶段的交互流程

第二节　跨媒体叙事与多感官融合

一、AR 在跨媒体叙事中的应用

1. 跨媒体叙事概念与发展

跨媒体叙事（transmedia storytelling）是一种创新的叙事方式，它打破了传统单一媒体的叙事局限，将同一故事世界在多种媒介平台上进行延伸、拓展和互补。其核心在于“在不同媒介上讲述同一宇宙的不同篇章”，让故事以更加丰富多样的形式呈现在观众面前。在这种叙事模式下，不同的媒介不再是孤立的个体，而是相互关联、相互补充，共同构建起一个完整而庞大的故事体系。

在学术界，美国麻省理工学院跨媒体叙事计划对跨媒体叙事进行了深入的研究和探索。该计划提出，跨媒体叙事不仅仅是一种简单的传播策略，更是一种“创造者 - 受众共建”的模式。通过开放故事的世界观和分布式的内容创作，让受众能够积极地参与到故事的构建中，极大地增强了用户的参与度和互动性。在一个以科幻为主题的跨媒体叙事项目中，创作者可以在电影中展示故事的主线情节和宏大的世界观，在小说中深入刻画角色的内心世界和背景故事，在游戏中让玩家亲身体验故事中的冒险和挑战，同时可以通过社交媒体平台与“粉丝”进行互动，收集他们的创意和反馈，进一步丰富故事内容。这样，受众不再仅仅是被动的接受者，而是成为故事创作的参与者，与创作者共同推动故事的发展。

2. AR 与其他媒介的协同机制

（1）纸质与平面媒体联动。AR 技术与纸质、平面媒体的结合为传统媒体带来了新的活力。AR 应用可以将传统的印刷品，如杂志、海报等，作为连接数字世界的“门户”。通过图像识别技术，当用户使用手机扫描印刷品上的特定图案或标识时，就能触发丰富的数字内容，实现从“静态”到“动态”的叙事延伸。一项系统原型将印刷文档作为入口，通过扫描文档中的特定区域，用户可以无缝链接到相关的网页、生动的 3D 动画以及用户协作界面中。在一本旅游杂志中，有一篇关于某个著名景点的文章，旁边配有景点的图片。当用户用 AR 应用扫描这张图片时，手机屏幕上会弹出该景点的 3D 模型，用户可以通过滑动屏幕全方位查看景点的各个角度，还能听到专业的语音讲解，了解景点的历史文化背景。此外，用户还可以通过协作界面与其他读者分享自己的旅游经历和感受，这种互动方式极大地丰富了读者的阅读体验。

（2）短视频与社交平台融合。类似 SceneAR 这样的应用，将短型微叙事（micro narratives）以 3D 场景的形式进行创作和分享，充分体现了跨媒体社区协同创作的特点。

在这些应用中，用户不仅可以消费他人创作的内容，还能够对他人的作品进行“重混”，加入自己的创意和想法，创作出全新的作品。如一段在虚拟童话世界中的冒险故事，用户可以下载这个作品，在原有的基础上添加自己设计的角色、场景和情节，重新制作并分享出去。这种用户之间的互动和创作，形成了一个充满活力的跨媒体社区，让故事在不同用户的创意下不断丰富和演变，极大地拓展了叙事的边界。

（3）跨屏互动。在博物馆、演唱会等现场活动中，AR 的跨屏互动功能为观众带来了全新的体验。通过同步投射多屏幕内容，并结合手机、平板电脑与头显设备，AR 技术能够为同一故事提供多维视角。例如在一场大型演唱会上，舞台背景采用 AR 技术呈现出绚丽的虚拟场景，与歌手的表演完美融合。观众不仅可以通过现场的大屏幕欣赏到精彩的演出画面，还能使用手机或平板电脑上的 AR 应用获取独特的视角。通过手机，观众可以看到歌手身上的虚拟装饰细节，或者切换到不同的虚拟场景视角，仿佛置身于一个奇幻的音乐世界。对于使用 AR 头显设备的观众来说，他们能获得更加沉浸式的体验，仿佛与歌手同处一个虚拟空间，甚至可以与虚拟元素进行互动，这种跨屏互动的方式极大地增强了观众的参与感和现场体验（图 5–4）。

图 5–4 跨屏互动体验

二、多感官融合

1. 多感官沉浸的理论基础

多感官融合（multisensory integration）的研究揭示，人类的感知体验并非由单一的感觉通道独立完成，而是各个感觉通道协同作用的结果。当视觉、听觉、触觉等多种感官同时受到刺激时，能够显著增强人们的“在场感”（presence），即感觉自己真正置身于某个场景之中，同时也有助于提高用户对信息的记忆效果。在 AR 情境中，实现良好的多感官设计并非简单地将各种感官刺激进行堆砌，而是需要整体考虑感官间的时间同步、空间一致与情感联结。只有这样，才能为用户创造出一个自然、流畅且沉浸式的体验环境。

2. 视觉与听觉的协同设计

空间音频（spatial audio）是一种通过头戴式设备或手机耳机实现的 3D 声场渲染技术，能够使声音与虚拟 / 现实物体的空间坐标精确匹配，大大增强了声源的定位感和临场感。以 Google Cardboard 的空间音频更新为例，即使是入门级的 VR 设备，通过模拟环境声学参数，如声音的反射、衰减等，也能为用户提升沉浸体验。当用户在使用 Google Cardboard 体验虚拟的森林场景时，鸟鸣声似乎从不同方向的树梢传来，风声在耳边呼啸而过，这种逼真的声音效果让用户仿佛真的置身于森林之中。研究表明，带有头部追踪功能的空间音频系统能使用户的感知沉浸度提高 50% 以上。当用户佩戴这样的设备在虚拟场景中转动头部时，声音的方向和强度会根据头部的运动实时变化，进一步增强了沉浸感。

3. 触觉反馈技术与应用

触觉反馈（haptic feedback）是通过振动马达、超声波等技术在皮肤表面产生力觉或振动，以此来模拟物体的形状、质地和重量感。研究发现，皮肤触觉与情感反应紧密相连，适当的触觉刺激能够引发更强的心理投入和情感共鸣。在模拟触摸丝绸的 AR 体验中，通过特定的触觉反馈设备，用户可以感受到丝绸的光滑质感，这种触觉体验让用户对丝绸的材质有了更直观的认识，同时也增强了对整个体验的情感投入。

例如 Tactile Echoes 项目专注于为手部提供多参数的触觉延迟实验，研究触觉延迟对操作性能的影响，为 AR 输入法和游戏手感优化提供了重要依据。在 AR 输入法的研究中，通过调整触觉反馈的延迟时间，观察用户输入的准确性和速度变化，从而找到最适合用户操作习惯的触觉反馈设置，提升 AR 设备的交互体验（图 5-5）。

4. 综合体验设计原则

（1）时空一致性（temporal-spatial consistency）。视觉、听觉、触觉刺激需要保持

毫秒级的同步，并与用户的位置和动作精确匹配，避免出现感官冲突。在一个虚拟驾驶的体验中，当用户转动方向盘时，视觉上车辆的转向、听觉上车轮的转动声音反馈都要同时发生，并且与用户转动方向盘的幅度和速度相匹配。如果视觉上车辆转向滞后于方向盘的转动，或者听觉和触觉反馈不同步，就会让用户感到不适，破坏沉浸感（图 5-6）。

（2）用户可控性（user control）。为了防止用户因感官过载而产生不适或晕动症风险，设计应允许用户自定义感官强度、反馈频率以及关闭某些感官反馈的选项。用户可以根据自己的喜好调整音效的音量大小、触觉反馈的强度。如果用户对某种感官刺激感到不适，还可以随时关闭该刺激，以确保舒适的体验（图 5-7）。

图 5-5 Tactile Echoes 项目

图 5-6 沉浸感设计

图 5-7 用户可控设计案例

（3）个性化与无障碍（personalization & accessibility）。考虑到不同用户的感官敏感度和特殊需求，设计应提供多样化的辅助功能。比如，为听力障碍用户提供字幕，方便他们理解语音信息；为对声音敏感的用户提供音量调节功能；为触觉感知较弱的用户提供可调节的触觉强度选项，确保每个用户都能获得良好的体验（图 5-8）。

图 5-8 用户个性化设计案例

总之，通过对空间叙事、虚拟场景建构、跨媒体叙事以及多感官融合等方面的深入探讨，可以看到AR技术在叙事领域的巨大潜力和广阔前景。随着技术的不断发展和创新，相信未来 AR 叙事将为人们带来更加丰富、沉浸式和个性化的体验。

CHAPTER 6 APPLICATIONS OF AUGMENTED REALITY IN THE ART FIELD

第六章 增强现实在艺术领域的应用

06

在科技飞速发展的当下，AR 技术作为数字时代的创新力量，正以前所未有的态势渗透到艺术领域的各个角落。它打破了虚拟与现实的界限，为艺术创作、展示与体验带来了全新的维度和可能性，深刻地改变了艺术的呈现方式和人们的感知方式。

AR 技术凭借其独特的功能，不仅能够将虚拟场景与现实世界巧妙融合，还能实现观众与虚拟景象之间的实时互动。这种互动无须改变现实事物的物理形态，却能极大地丰富观者的体验内容和感受。正是基于此，AR 技术在娱乐、教育培训、文物保护、商业推广、医学等多个领域得到了广泛应用。例如，北京理工大学光电技术与信息系统实验室研发的“数字圆明园”App，自 2014 年上线试用以来不断完善，它可以将圆明园昔日未遭破坏时的景象实时叠加到当前的实际景象中。这种应用不仅为圆明园的修复工作提供了有力支持，也让人们能够通过对比观览，获得别具一格的体验（图 6-1）。

（a）

（b）　　（c）

图 6-1　数字圆明园项目

本章将深入聚焦增强现实技术在艺术领域的多元化应用，具体涵盖教育、展览与公共空间，绘画与插画，雕塑与装置艺术，摄影与影像艺术，时尚与营销，建筑与空间设计六个主要领域。通过结合国内外的典型案例，帮助读者全面、系统地掌握 AR 艺术创作与展示的前沿实践。

第一节　教育、展览与公共空间领域

在教育、展览与公共空间领域，AR 技术的应用为人们带来了丰富且独特的体验。从博物馆的智能导览到公共空间的艺术互动项目，AR 技术以其创新的方式“激活”了静态展品，提升了参观效率与沉浸感，同时拓展了城市文化传播的边界，让艺术与公众的互动更加紧密。

一、博物馆与展览

北京故宫博物院作为我国文化瑰宝的重要展示场所，积极拥抱科技变革。自 2021 年启动“智慧开放项目”以来，推出的“游故宫”小程序备受关注（图 6-2）。该小程序借助 AR 智能导览眼镜和线上语音讲解功能，结合 12 万条文物知识，实现了实时定位与互动解说。游客佩戴 AR 智能导览眼镜漫步在故宫的各个宫殿之间，当靠近特定文物或建筑时，眼镜会自动识别并触发详细的语音讲解，同时在眼前的虚拟屏幕上展示相关的文物信息、历史故事，甚至能呈现出文物在古代的使用场景等虚拟画面。这个创新举措让游客仿佛穿越时空，与历史进行对话，大幅提升了参观效率与沉浸感，使故宫的文化内涵能够更生动、直观地传递给每一位游客。

图 6-2 “游故宫”小程序

上海博物馆上线的“上博 AR”App 为观众打开了一扇通往文物世界的新窗口。用户只需使用手机扫描馆藏文物图片，就能在手机屏幕上实时观看 3D 复原模型和文物制作过程演示。无论是书画的笔墨韵味、陶瓷的细腻质感，还是青铜的古朴厚重，通过 3D 模型都能展现得淋漓尽致。文物制作过程演示更是以生动的动画形式，向观众揭示了古代工匠们的精湛技艺和智慧，填补了线上和线下互动的空白，让观众在参观之余，还能深入了解文物背后的故事（图 6-3）。

图 6-3　上海博物馆 AR 界面内容

2023 年，国家自然博物馆引入 AR 智能导览相机，为科普教育带来了新的活力。观众佩戴 AR 眼镜后，只需注视标本，虚拟动画演示便会自动触发。那些原本在展柜中略显冰冷的化石与标本，瞬间“复活”，观众可以看到远古生物的生活场景、进化过程等，仿佛置身于神秘的史前世界。这种直观、有趣的展示方式，极大地增强了科学教育的直观性与趣味性，让观众在轻松愉悦的氛围中学习到丰富的自然科学知识。

二、公共空间

AR 技术为公共空间艺术注入了新的活力，它为艺术家提供了更广阔的创作空间，也为公众带来了前所未有的艺术体验，成为城市文化传播的新亮点。

2015 年，纽约 MoMA 博物收集全球参与者线上提交的虚拟作品，并将这些作品与博物馆常规展上的实体作品叠加展示。参观者只需使用指定的 App 扫描场馆内的特定区域，隐藏的虚拟展品便会“浮现”出来，与线下的实体展览相互呼应，产生有趣的互动。这种创新的展览形式打破了传统展览的空间和时间限制，让全球的艺术爱好者都能参与到博物馆的展览创作中，为观众带来全新的参观体验。

2017 年，数字艺术家阿德里安・M（Adrien M）和克莱尔・B（Claire B）创作的《幻影与奇迹》（Mirages & Miracles）展览在全球巡回展出。在这个展览中，他们运用 AR 技术，在静止的装置、绘画作品之上添加了动画表演与互动元素。观众使用手机扫描展品，原本静态的画面瞬间变得生动起来，动画角色在作品中穿梭、舞动，与现实环境巧妙融合，创造出令人惊叹的视觉效果（图 6-4）。

图 6-4　展览《幻影与奇迹》（Mirages & Miracles）

2019 年，《AR 艺术 · 虚境展》邀请了曹斐等艺术家参与创作。其中，曹斐的作品《永不消逝的电波 AR：李新星》备受瞩目。观众通过手机或头显观赏时，会看到虚拟人物与现实环境交叠的科幻场景。在作品中，男孩身处一个充满年代感的房间内，周围摆放着老式收音机、信件等物品，头上还有三只乌龟盘旋。男孩不断询问着有没有人看到他失踪的父亲，这种虚实结合的场景引发了观众对城市记忆与未来想象的深入思考，让观众在现实与虚拟的交织中感受（图 6-5）。

图 6-5 《永不消逝的电波 AR：李新星》及细节（曹斐）

2025 年中央电视台春节联欢晚会分会场的“数实融合”舞台，堪称 AR 技术在大型演出中的经典应用案例。舞台运用裸眼 3D、数字孪生与 AR 技术，将“巳巳如意”图案悬浮在空中，并与舞者进行互动。智能灯架矩阵实时联动投影，随着舞者的动作变换出各种绚丽的光影效果，营造出动静结合的沉浸式演出氛围。观众仿佛置身于一个奇幻的世界，与舞台上的表演融为一体，充分展现了 AR 技术在提升演出视觉效果和观众体验方面的强大能力（图 6-6）。

图 6-6　2025 年中央电视台春节联欢晚会分会场的“数实融合”舞台

第二节　绘画与插画领域

在绘画与插画领域，AR 技术的出现为创作者带来了全新的创作理念和工具，打破了传统二维平面的限制，开启了一个充满无限可能的“虚拟画布”时代。同时，AR 插画在出版与新媒体领域的应用，也为读者和用户带来了更加丰富、互动性更强的阅读和体验方式。

一、虚拟画布

AR 绘画的核心在于突破传统二维画布的束缚，将创作空间拓展到任意三维空间。Unity AR Foundation 为 AR 绘画提供了基础的技术支持，使得开发者能够轻松创建跨多种设备的 AR 应用。在中国市场，商汤科技推出的 ARStand XR Plugin 作为本地化增强组件，被集成到 Unity 中国增强版中。它进一步优化了图像跟踪功能，降低了渲染延迟，确保在复杂的现实环境中，虚拟内容也能精准地与现实场景融合，为创作者提供更稳定、流畅的创作环境。

“浮动画室”团队基于 Unity AR Foundation，开发了“浮动画室”原型。用户可以在开放空间中自由挥舞电子画笔，系统通过图像跟踪技术，将笔触实时渲染为多层半透明的“油彩”轨迹。同时，系统还能根据环境光照估计自动调整色彩明暗，营造出逼真的数字油画创作场景。用户在户外公园中，以周围的自然景色为灵感，用电子画笔在虚拟画布上绘制油画，每一笔都仿佛真实地涂抹在画布上，随着光线的变化，色彩也更加生动自然。

Paint & Sketchs 是一款具有操作简单、门槛低的特点的 App，适合不同水平的绘画爱好者。用户可以导入任意模板，并在桌面或纸张上投影线稿，然后通过肉眼对照与触控同步完成绘制。对于初学者来说，可以借助模板快速上手，学习绘画技巧；对于专业画家，则可以利用它进行创意草图的绘制（图 6-7）。

图 6-7　Paint & Sketchs App（供安卓系统下载）

二、插画的表现与交互方式

传统插画主要依赖纸张或屏幕进行展示，其呈现的信息量和互动性相对有限。而 AR 插画则通过“扫描触发”的方式，为插画带来全新的生命力。当观众使用手机或平板电脑扫描 AR 插画的图文时，虚拟角色、动画、音频解说或小游戏等内容会立即叠加显示在屏幕上，使原本静态的页面瞬间“活”起来。例如在一本儿童故事书中，原本静止的插画在扫描后，书中的角色开始活动，讲述故事、唱歌跳舞，还能与读者进行互动，极大地丰富了阅读体验。

读者使用手机扫描图文后，不仅可以看到角色动画，还能参与拼图、答题等游戏模块，这大大增加了儿童阅读的趣味性和参与度。相关数据表明，使用 AR 插画的儿童读物，用户停留时长平均增长 25%。在一本关于动物的儿童图书中，扫描插画后，孩子们可以看到动物的 3D 模型，了解它们的生活习性，还能通过玩游戏的方式学习动物的英文单词，让学习变得更加有趣（图 6-8）。

弥知科技在其官方博客发布了零基础制作“AR 裸眼插画”的教程。在这个教程中，以吉祥物“伊弥戟”为例，用户通过简单的操作，就能让“伊弥戟”通过手机屏幕跳出画面，与真实世界进行互动。同时，能实现图像、声音、粒子特效等多通道展示，为创作者提供一种新颖的插画创作思路（图 6-9）。

图 6-8 AR 卡片

图 6-9 “伊弥戟”互动

第三节 雕塑与装置艺术领域

AR 技术的融入为雕塑与装置艺术打破了传统雕塑在空间和展示方式上的限制，使观众能够以全新的视角参与和体验艺术作品。通过将三维虚拟模型与现实空间无缝融合，AR 雕塑与装置艺术在公共空间中营造出沉浸式的艺术氛围，成为城市文化的独特景观。

一、3D 雕塑与互动装置设计

AR 雕塑的实现依赖环境建模与定位技术，通过 ARKit/ARCore 或第三方 SDK（如 SenseTime ARStand），能够完成平面检测、特征点提取与 SLAM 跟踪。这些技术确保虚拟模型在现实空间中保持厘米级的稳定性和精准的贴附感，使虚拟雕塑能够与现实环境完美融合，仿佛真实存在于空间之中。

例如 2020 年，艺术家高孝午在司马台长城发布的 AR 雕塑系列作品《共境》，以龟、鹤、鸽子为原型创作的三件虚拟雕塑悬浮于空中，伴随着动态光效与环境音，传达出自然、和平、共生的主题。该项目突破了传统雕塑复制与展示的局限，借助云端技术，全球观众只需通过手机端即可加载体验，无须现场设备安装。观众在手机屏幕上可以从不同角度欣赏雕塑，感受其与长城壮丽景色相互映衬的独特魅力，体会作品所蕴含的文化内涵（图 6-10）。

又如宇萌数位科技公司在上海外滩推出的 AR 油画式雕塑，巧妙地将历史建筑与数字艺术相结合。观众通过 App 对准外滩景观，墙面上原本静止的画作瞬间“活”起来，百年历史的韵味与现代动画效果相互交织，使外滩景点宛如一幅动态的艺术长卷。这种“场景 - 作品一体化设计”，极大地提升了公共艺术的亲和力与互动性，让过往的游客能够更加深入地感受外滩的历史文化底蕴与现代艺术魅力（图 6-11）。

图 6-10 《共境》系列（高孝午）

图 6-11 上海外滩 AR 油画式雕塑

二、公共展示与互动

AR 艺术在公共展示中的应用，为观众带来了前所未有的艺术体验，同时引发了人们对艺术展示方式和观众参与度的新思考。美国艺术家妮娜·香奈儿·阿布尼创作的 AR 技术作品《幻想伙伴》（2020）中，一位贤者形象悬浮在美术馆前台对面的柱子旁，口中说着 “Sometimes we believe that nothing good can every happen to us, so it don't”（有些时候我们相信没有好的事情会发生在我们身上，所以它就没有发生）。这种漂浮于现实场景的三维动画，为观众带来了新奇且富有深意的艺术感受（图 6-12）。

图 6-12 《幻想伙伴》（妮娜 · 香奈儿 · 阿布尼）

目前 AR 体验大多依赖电子屏幕，这种观看方式在一定程度上限制了观众的行动自由，也使艺术品的传播受到屏幕尺寸的制约，影响了艺术感染力的充分发挥。例如艺术家阿丽莎·柯维德《虚拟劳作》系列中的作品，当大型在地性装置转化为屏幕中的小作品时，独特的体验和感受被大大削弱，与普通拍照软件的贴纸滤镜相似，失去了原有的艺术张力（图 6-13）。

图 6-13 《虚拟劳作》系列（阿丽莎 · 柯维德）

图 6-14 广州国庆节城市 AR 秀

在 2023 年国庆节期间，以广州塔为背景的城市 AR 秀惊艳亮相。该活动分为“五大篇章”，市民使用手机对准塔身，就能看到金龙升旗、航天之旅等主题场景。完成所有篇章的互动后，还能解锁隐藏彩蛋 —— 与巨龙合影。此次活动由广州市文化广电旅游局借助 5G 网络与边缘计算技术，确保前端 AR 体验延迟低于 50ms，大幅提升了活动的参与度，增强了城市的文化魅力和品牌影响力（图 6-14）。

深圳华侨城欢乐谷的“元宇宙主题区”将 AR 装置与游乐项目巧妙融合。在“迷你大作战”区域，玩家通过 AR 射击游戏，击中虚拟目标可赢取纪念品；在元宇宙剧场，AR 偶像与现场表演者同台互动，打破了物理与虚拟的界限。项目依托低时延的 5G 网络与边缘云技术，为游客带来全新的体验（图 6–15）。

图 6–15　迷你世界 · 冒险山

如今 AR 雕塑与装置艺术正朝着“场景化”“社交化”和“多感官融合”的方向不断发展。未来，随着硬件和网络技术的进一步成熟，它将为公共艺术带来更加丰富多样的表达形式，为观众创造更具沉浸感和互动性的艺术体验，同时为城市文化传播和商业活动注入新的活力。

第四节　摄影与影像艺术领域

在摄影与影像艺术领域，AR 技术的应用为传统创作带来了新的突破和可能性。它不仅丰富了摄影的表现形式，还为影像创作构建了新的语法，让“虚拟”与“现实”在视觉叙事中相互渗透，为创作者提供了更广阔的创作空间和表达媒介。

一、AR 在摄影与影像中的创新应用

AR 摄影的独特之处在于实时叠加与交互反馈功能，摄影师在拍摄过程中即可实时预览叠加数字特效后的画面，并根据实际情况调整构图与特效，改变了以往后期“贴图”的烦琐流程，实现了拍摄与特效添加的一体化。

Google Arts & Culture 与北京故宫博物院合作，在养心殿旁的数字馆中，借助手持设备将珍贵文物与数字化动画相结合。观众在拍照留念时，能够捕捉到“活”起来的清代青花瓷瓶等虚实融合的画面，仿佛穿越时空，与历史文物进行亲密互动，为游客带来了全新的拍照体验（图 6–16）。

成都仁和百货的“商业艺术及互动影像”项目，在商场公共空间利用 360° 全景摄

影结合 AR 投影技术，将顾客拍摄的肖像融入虚拟海报墙，并通过动作捕捉对肖像中的元素进行实时动画演绎。这个项目鼓励顾客进行互动拍照分享，增加了商场的趣味性和吸引力，同时为商业空间注入了艺术氛围（图 6-17）。

在技术探索方面，腾讯云开展了“探究高空视频全景 AR 技术”的实践。通过将无人机航拍的高空视频流与 AR 渲染引擎融合，在大型户外场域实现了“鸟瞰”视角下的实时 AR 摄影。虽然目前该技术在网络带宽和稳定性方面仍面临挑战，但已在智慧园区与城市管理等领域展现出潜在的应用价值（图 6-18）。

图 6-16　文物拍照

图 6-17　商场互动影像项目

图 6-18　探究高空视频全景 AR 技术

二、影像与现实的交织

影像创作与 AR 的结合超越了传统单帧摄影的局限，更加注重时间与空间的融合叙事，通过将现实影像与三维动画、数字人形象、交互字幕等元素有机结合，拓展了影像语言的边界。

在首届“中国创新影像大赛”中，多名获奖作品运用 AR 技术，实现了现实影像与虚拟元素的无缝融合（图 6-19）。近年来，基于区块链与非同质化通证（NFT）的 AR 影像项目逐渐兴起。《浮生若画》影像系列，观众通过扫描 NFT QR 码，即可在实景中观看独家 3D 影像作品，并可将互动视频记录为链上收藏凭证。这个创新模式不仅为内容创作提供了新的思路，还探索了版权保护的新模式。

在手机端，百度 AI 开放平台的"AI 成片"功能为商业影像创作提供了低门槛的工具。用户只需上传图文素材，系统即可自动添加过渡效果、配音与虚拟数字人，并通过 AR 遮罩技术使文字和影像在现实场景中浮现，快速生成短视频，满足了商业营销等领域对影像创作的多样化需求。

（a）作品《云端 CLOUD》

（b）作品《飞向火星》

（c）作品《数字小人 C》

（d）作品《龙玥》

图 6-19　首届"中国创新影像大赛"获奖作品

第五节　时尚与营销领域

在时尚产业中，AR 技术的应用为消费者带来更加个性化、便捷和有趣的购物体验，同时为品牌提供了创新的营销手段和展示方式，推动了时尚产业的数字化转型。从虚拟试衣到时尚秀与数字营销，再到美妆与配饰体验以及品牌互动与社交分享，成为时尚领域创新发展的重要驱动力。

一、AR 虚拟试衣技术

AR 虚拟试衣技术借助摄像头与 3D 模型叠加，让消费者在移动设备或智能镜面上能够即刻预览服饰上身效果，极大地提升了电商与线下门店的购物体验。

淘宝天猫率先在其 App 中引入“AI 试衣”功能，用户既可以上传照片，也能通过实时扫描，使全身服饰瞬间叠加在自身身形上，实现静态与动态两种试穿模式。无论是日常穿搭还是特殊场合的服装选择，用户都能通过该功能快速查看效果，节省了试衣时间，增加了购物的便利性（图 6-20）。

唯品会的 AR 虚拟试衣镜算法支持手势操作，系统能够在 3s 内自动换装，并从 360° 展示服饰搭配效果。同时，该系统能自动识别用户尺码并给出推荐，为用户提供更加个性化的购物建议，从而提高购物效率和满意度（图 6-21）。

图 6-20　淘宝“AI 试衣”

图 6-21　品牌店面试衣镜

优衣库的“智能小 U”结合摄像头、4D 试穿镜和语音交互技术，为顾客带来全新的试衣体验。顾客在店内通过触屏或语音选择心仪的服饰，系统完成身体扫描后，便能生成逼真的试穿画面，大幅减少了人工试衣环节，提高了门店的运营效率（图 6-22）。

服装品牌飒拉（Zara）于 2019 年在中国 24 家门店试点 AR 体验，用户在店外橱窗或店内指定展台使用 Zara AR App 扫描触发点，国内外模特的连拍影像便会出现在屏幕中。用户不仅可以直观地看到服饰的上身效果，还能点击心仪商品直接跳转购买页面，实现了从试穿到购买的便捷购物流程（图 6-23）。

图 6-22　优衣库的“智能小 U”

图 6-23　Zara AR　App 项目

美国耐克公司与DeepAR合作推出的AR试鞋解决方案，让用户在电商或品牌App内即可直接预览球鞋穿戴效果，并可自由调节光照与角度，查看鞋款的细节。该技术已在中国部分门店进行内测，显示出AR虚拟试鞋在提升销售方面的潜力（图6-24）。

（a）　　（b）

图6-24　Nike与DeepAR合作推出的AR试鞋

图6-25　FashionAI概念店虚拟试衣

阿里巴巴集团与德国GUESS品牌在中国香港合作的FashionAI概念店，结合AR试衣镜与智能库存系统，实现了“虚拟试衣—真实配送”的闭环体验。消费者扫码试穿后，后台仓库会自动取出对应尺码的商品，真正做到了线上和线下购物的无缝衔接，为消费者提供了极致的购物体验（图6-25）。

二、AR时尚秀与数字营销

AR技术在时尚品牌的活动与数字营销中发挥着越来越重要的作用，为品牌打造独特的品牌体验，增强了消费者与品牌之间的互动和黏性。

图 6-26　2024 年上海“Voyager”巡回秀

路易威登在上海“Voyager”巡回秀中，运用多元形式展示当季时装系列作品，将合作艺术家孙一添的充气动物影像融入背景，充满了俏皮色彩的艺术。观众使用手机扫描外墙上的 QR 码，就能在屏幕上欣赏数字艺术与时装的融合表演，并可将拍摄短视频分享到社交平台，引发了广泛的传播和关注（图 6-26）。

三、AR 美妆与配饰体验

在美妆和配饰领域，AR 技术的应用为消费者提供了更加直观、便捷的产品体验方式，同时为品牌提供了精准的营销工具。

广州帕克西软件开发有限公司旗下的“魔妆镜”是国内较早落地的 AR 试妆与肤质检测一体化解决方案。它支持眼妆、唇妆等多种妆效的实时叠加，消费者可以在镜子前快速尝试不同的妆容效果，找到适合自己的妆容。同时，该系统还能根据用户的肤质数据推荐合适的产品，有效提升了商场的动点试妆率，数据显示试妆率提升了 30%（图 6-27）。

图 6-27　帕克西“魔妆镜”

欧莱雅集团与阿里云联合开发的“AI 美妆镜”，将深度学习算法与 AR 试妆相结合。用户通过手机小程序或线下智能硬件启动人脸 3D 扫描后，即可尝试数十款口红和粉底的效果。并且，该功能还可在直播间同步展示试妆效果，有效增强了线上销售转化，为美妆产品的线上推广提供了有力支持（图 6-28）。

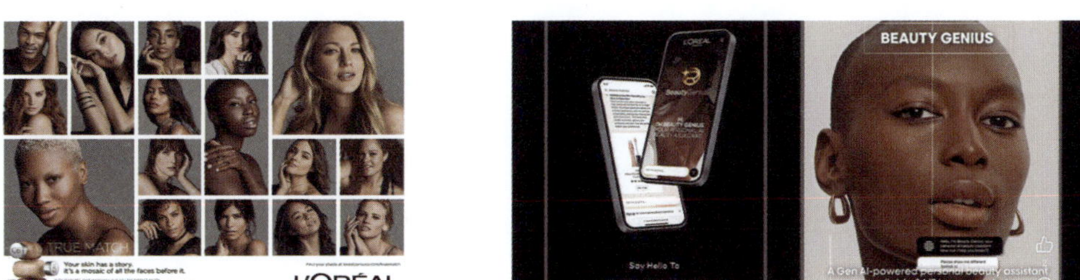

（a）粉底效果　　（b）口红效果

图 6-28　欧莱雅集团与阿里云联合开发的“AI 美妆镜”

在配饰领域，部分高端珠宝品牌如周大福、周生生推出了基于 WebAR 的项链和戒指试戴工具。用户只需打开品牌 H5 链接，将手机摄像头对准手指或颈部，系统就能自动匹配饰品并呈现出高保真的光影效果（图 6-29）。

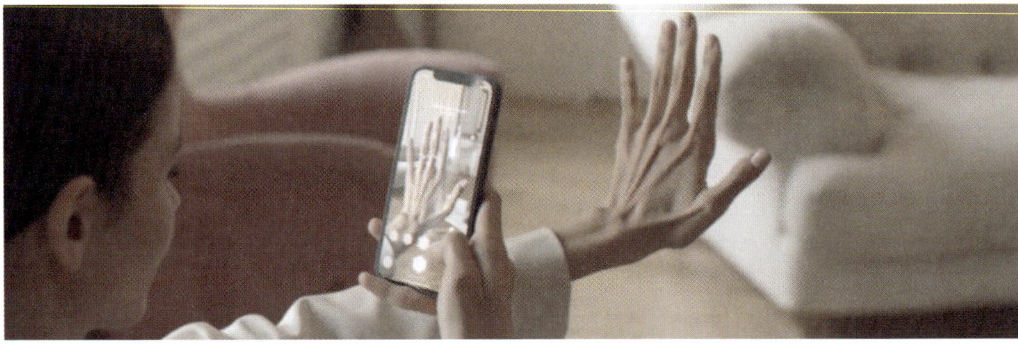

图 6-29　基于 WebAR 的项链和戒指试戴工具

四、品牌互动与社交分享

AR 技术凭借其可拍照、可录制、便于分享的特性，成为品牌社交媒体营销的有力工具，有效提升了品牌的曝光度和产品销量。

Zara 的 AR 体验设置了“一键拍照”与“晒图赢优惠”机制，鼓励用户将 AR 试穿效果分享到微博、抖音等社交平台。这个策略引发了用户的积极参与，相关话题阅读量突破千万次，极大地扩大了品牌的影响力和产品的传播范围。这种创新的营销方式将 AR 技术与直播带货相结合，增强了观众的参与感和购物乐趣，有效促进了商品销售。

总之，AR 技术在时尚设计领域的应用越来越广泛，从购物体验的提升到品牌营销的创新，为时尚产业带来了新的发展机遇。随着技术的不断发展和应用场景的拓展，AR 有望进一步推动时尚产业的数字化变革，创造更加丰富多样的时尚体验。

第六节　建筑与空间设计领域

在建筑与空间设计领域，AR 技术正逐渐展现出其独特的优势和巨大的潜力。它从项目可视化和设计评审，到公众导览与沉浸式体验等多个环节，为建筑行业带来创新的解决方案，改变传统的设计、展示和体验方式，推动着建筑行业向数字化、智能化方向发展。AR 可视化技术通过将 BIM（建筑信息模型）数据与现场实景相叠加，为建筑设计、施工管理和客户沟通提供了全新的视角和高效的工具。

Autodesk 公司推出的 GAMMA AR 应用，使建筑商能够在工地上使用平板电脑拍摄真实场景，并将 BIM 模型叠加在上面。借助虚拟笔记和注释功能，他们可以快速标注设计变更或施工缺陷，并将这些标注同步至团队云端。这个功能极大地提升了团队成员之间的沟通效率和准确性，减少了因信息不及时或不准确导致的施工问题。

成都航空产业园三期项目中，以见科技（上海）有限公司的“一见 BIM + AR · 施工助手”发挥了重要作用。该工具将完整的 BIM 模型 1 : 1 地投影到施工现场，用户通过手机或平板电脑就能查看地下隐蔽工程和机电管线的实时位置。通过提前发现管线冲突等问题，大幅减少了返工率，有效保障了施工进度和质量。为确保大体量 BIM 模型在移动端流畅展示，该平台采用了构件复用与合并、HLOD（分级细节）和分步加载等策略，在 iOS 与 Android 设备上都能实现秒级响应和高帧率显示（图 6-30）。

北京通州大运河文化旅游景区，通过在古建筑群中叠加虚拟文物和互动角色，游客使用手机即可在历史遗址上看到燃灯塔等地标的虚拟再现（图 6-31）。

图 6-30 AR 施工助手

图 6-31 AR 文旅项目

随着 5G、边缘计算和 AI 算法的不断成熟，AR 在建筑与空间设计中的应用将不断拓展和深化。未来，AR 有望从单纯的可视化工具，发展成为集设计协同、施工管理和公众体验于一体的综合平台，为建筑行业的创新发展和人居体验的提升带来全新的可能。

本章系统地梳理了 AR 技术在多个领域的多维度实践，涵盖了从教育、展览与公共空间，到绘画与插画，雕塑与装置艺术，摄影与影像艺术，时尚与营销，建筑与空间设计等多个领域。AR 打破了传统艺术媒介的边界，为艺术表达和观众互动赋予了新的活力。

从艺术体验的角度来看，AR 技术通过信息、图像、交互三方面的融合与增强，可以为观众带来更为丰富和直观的知觉感受。在信息增强方面，它在实体事物上叠加文字、图像、动画等多种形式的信息，在不干扰实体观看的同时，为艺术品添加虚拟注解，帮助观众更好地理解作品内涵。图像增强则让静止的作品动起来，使画面突破画框的限制向外延伸，还能为实体事物添加不同艺术风格的滤镜，也为观众带来新奇独特的体验。此外，AR 技术支持的实时互动功能，让人们能够通过体感、移动、声音等方式与作品互动，显著增强了艺术的沉浸感。

第七章

CHAPTER 7
CASE STUDIES IN
AUGMENTED REALITY PRACTICE

增强现实应用实例分析

07

如今 AR 技术正在教育、文化和工业等领域发挥越来越重要的作用。作为虚拟内容与现实环境无缝融合的技术手段，AR 能够以直观、互动的方式呈现抽象知识和信息，激发用户的兴趣，丰富体验形式。尤其是在教育科普、文化遗产保护与文旅体验、工业制造与生产等场景中，AR 技术带来了众多创新的解决方案和实践案例，推动相关行业的数字化转型和智能化升级。

第一节　古生物复原增强现实应用

一、古生物学中的应用

AR 技术为古生物学研究与科普带来了突破性的改变，让人们能以更直观、互动的方式探索远古生物的奥秘。

在化石复原与三维重建方面，高精度 3D 扫描技术是关键的第一步。通过它，化石能被精准数字化，生成极为精确的 3D 模型。人们使用手机、平板电脑或 AR 眼镜，就能查看虚拟复原的化石模型。不仅如此，对于那些因岁月侵蚀而缺失的部分，科学家还能依据科学推测进行重建展示。比如，人们可以借助 AR 设备，看到虚拟复原的恐龙化石模型，清晰观察其骨骼结构，甚至能通过动态展示，目睹恐龙行走、捕食等生动场景。对博物馆展览而言，也增添了强大的互动性，让游客不再只是观看静态展品，而是仿佛穿越时空，与远古生物“对话”。

虚拟展示与互动体验同样是 AR 在古生物学应用中的亮点。在课堂上，AR 成为激发学生学习兴趣的有力工具。教师利用 AR 技术，将抽象的古生物学知识转化为直观的虚拟场景，学生能身临其境地感受远古生物的生活环境，观察它们的形态和行为，使学习过程变得生动有趣。在家庭娱乐、户外探索等场景中，人们可以随时随地利用 AR 设备在现实环境中召唤出虚拟的古生物模型，如威风凛凛的霸王龙、身形庞大的猛犸象等，并通过简单的操作与之互动，获取详细的科普信息，极大地激发了人们对古生物世界的好奇心与探索欲。

科研与协作方面，AR 技术打破了地域限制，让分布在世界各地的古生物学家能够共享同一化石的三维模型，实现实时讨论和标注。例如，当一位古生物学家在研究中发现化石的新特征时，他可以立即通过 AR 技术与团队成员分享，大家在虚拟空间中共同探讨，高效地交流想法。同时，AR 技术将复杂的化石数据以直观的方式呈现，科研人员可以对虚拟模型的骨骼生长纹路、微观结构等进行深入分析，精准解读古生物的生物学信息，加速科学发现的进程，为古生物学研究注入新的活力。

二、教育与展示

在博物馆中，AR 技术让展览焕然一新。通过将虚拟内容与现实展品巧妙结合，观众借助设备（如手机、平板电脑或 AR 眼镜），在化石展品旁就能看到栩栩如生的虚拟古生物复原模型，直观了解恐龙、猛犸象等古生物的完整形态和它们所处的生活环境（图 7-1）。原本静态的化石在 AR 技术的加持下“动”了起来，观众可以看到虚拟的霸王龙在展厅中威风凛凛地行走、咆哮，仿佛置身于远古时代。不仅如此，AR 技术还能提供丰富的互动体验，观众点击虚拟模型就能查看详细信息，或者通过简单的手势控制模型动作，参与感和沉浸感十足。这种创新展示方式让展览充满趣味，使古生物学知识更易于理解，成功吸引了大量观众，尤其是年轻群体。

图 7-1 国家自然博物馆展厅

图 7-2 AR 课堂教育应用

如今在课堂教育中，AR 技术正逐步改变传统教学模式（图 7-2）。它将虚拟内容与现实环境融合，让抽象的知识变得直观、生动。学生可以借助技术进入虚拟的古生物实验室，亲自参与化石的三维模型观察、虚拟挖掘和复原过程，将复杂的古生物学知识转化为有趣的实践体验。AR 技术还能将教室瞬间变成侏罗纪时期的森林或海洋，学生身临其境，感受远古世界的神秘氛围，学习的沉浸感大大增强。此外，通过 AR 应用程序，学生可以参与虚拟的古生物探索任务，如寻找化石、复原恐龙骨骼等，这种互动课程充分激发了学生的好奇心和探索欲望，为古生物学教学带来了全新的活力。

通过科普应用和图书，用户可以在各种场景下探索古生物世界。在家中后院、公园或博物馆，用户只需用手机或平板电脑轻轻一扫，就能“发现”虚拟的古生物模型，与它们互动，了解其生活习性、生存年代等科普信息，还能与虚拟古生物合影并分享到社交媒体。AR 图书更是别具一格，扫描书中图片，立体的古生物模型和动画便会跃然眼前，模型不仅能展示行走、捕食等动作，点击不同部位还能获取详细科普信息，配合语音讲解，让阅读充满乐趣（图 7-3）。

图 7-3 AR 图书应用

AR 技术在科研与公众传播的结合上也发挥了重要作用。它能将复杂的科研内容转化为直观、互动的视觉体验，提升公众对科学的理解。比如，展示恐龙羽毛颜色的复原过程、化石的三维结构等，让科学知识更加生动易懂。通过创建虚拟古生物博物馆，无法亲临现场的观众也能远程体验展览，打破了时间和空间的限制。开发 AR 滤镜或特效，用户可以在社交媒体上分享与虚拟古生物的互动视频或照片，扩大了科普传播范围，让古生物学知识以轻松有趣的方式走进大众生活，加深了公众对古生物学的兴趣和理解。

总之，AR 技术将抽象的古生物知识转化为直观的视觉体验，降低了理解难度，让复杂的科学内容更易被接受。高度互动的学习方式，能充分激发学习者的兴趣和参与感，使知识获取过程充满乐趣。沉浸式的学习环境，让学习者仿佛置身远古世界，增强了学习的代入感和体验感。而且通过常见的手机、平板电脑等设备就能实现，普及性强，适合大规模推广应用，让更多人能便捷地领略古生物学的魅力，提升公众科学素养，激发人们对古生物学的热爱。

三、博物馆展示

国家自然博物馆推出的 AR 恐龙项目让观众眼前一亮，如图 7-4 所示。观众只需用手机或平板电脑扫描展品或特定区域，虚拟的恐龙模型便会出现在现实场景中。这些虚拟恐龙不仅外形逼真，还能模拟运动方式、叫声和生活习性。观众可以与虚拟恐龙进行丰富的互动，点击屏幕查看详细信息，或者通过手势控制恐龙的动作。该项目效果显著，吸引了大量观众，尤其是青少年和家庭游客。AR 技术将静态展示转化为动态、可交互的 3D 模型，大大增强了展览的趣味性和互动性，提升了观众的参与感和体验感，使知识传递更加高效生动，推动了古生物科普教育的创新发展（图 7-5）。

图 7-4　AR 恐龙项目

图 7-5　3D 模型

四川自贡恐龙博物馆作为著名的恐龙化石博物馆，基于丰富的化石数据和科学研究，对恐龙进行高精度 3D 建模，不仅复原了恐龙外形，还模拟了它们的行为和生活环境（图 7-6）。观众通过 AR 设备，能看到恐龙在远古世界中的动态场景，如行走、捕食和互动，古生物学知识变得鲜活起来。在该博物馆里，观众可以观察虚拟的马门溪龙，感受其巨大身躯的震撼；还能看到虚拟的永川龙捕食场景，直观了解其捕食行为。AR 技术复原的恐龙生活环境，如森林、沼泽、沙漠等，让观众仿佛“进入”侏罗纪森林，沉浸式体验恐龙的生活。为了增强互动性，该博物馆还设置了 AR 互动区，观众可以通过手机“挖掘” 虚拟恐龙化石，进一步提升了参观的趣味性和参与感。自贡恐龙博物馆的知名度和吸引力也因 AR 展示大幅提升，每年举办的恐龙主题展览都吸引了大量游客前往。

图 7-6 展示中的 3D 模型

第二节 文旅项目应用

一、AR 在文化遗产保护中的作用

文化遗产的数字化保存也是 AR 技术的重要应用方向之一。3D 扫描与建模技术为文化遗产的保护提供了新手段，通过高精度 3D 扫描，古建筑、雕塑、壁画等文化遗产能被数字化，生成精确的三维模型。这些模型存储在虚拟数据库中，实现了文化遗产的长期保存和便捷访问。在文物修复方面，通过虚拟模型模拟修复过程，还原文物缺失部分，帮助修复人员制订更精准的修复方案，为文化遗产保护提供了科学有力的工具。

虚拟展示为文化遗产的呈现开辟了新途径。借助虚拟博物馆，观众无须出门就能在线浏览文化遗产的三维模型和详细信息，感受历史的魅力（图 7-7）。观众通过 AR 设备与虚拟文化遗产互动，旋转、放大文物模型，查看内部结构，获得沉浸式的探索体验。这种创新展示方式打破了时空限制，拉近了人们与历史的距离。

（a）文博创业产品　　（b）可视化复原

图 7-7　虚拟展示界面

在教育与传播方面，在一些博物馆或历史遗址，观众使用 AR 设备可以获取文物详细信息、历史背景和相关故事，享受个性化导览。AR 图书与教材将静态文字和图片转化为立体文物模型和动画，读者扫描图片就能沉浸式地探索历史（图 7-8）。如完成任务解锁文物模型、在虚拟世界探索历史场景等，激发了人们对文化遗产的兴趣与热爱，为文化传承创新提供了新路径。

AR 技术还为文化遗产领域的国际合作搭建了桥梁（图 7-9）。不同地区的专家通过 AR 共享文化遗产数字化模型，实时讨论协作，打破地理限制，提升研究效率。虚拟展览汇聚世界各地文化遗产，促进文化交流与合作，让文化遗产研究与保护更加全球化，为公众带来更丰富的文化体验，推动人类文明的共享与传承。

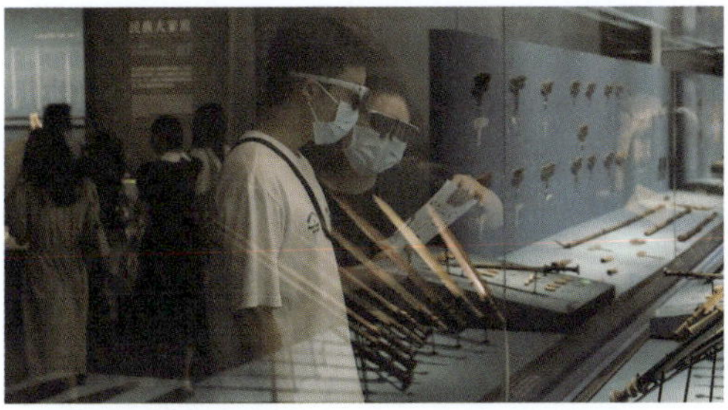

图 7-8　观众佩戴设备观展

图 7-9　《纯净之地：敦煌莫高窟》AR 展览

二、虚拟导览与沉浸式体验

AR 技术与旅游的融合，可以为游客带来全新的旅行方式，通过虚拟导览和沉浸式体验，让游客更深入了解旅游景点的内涵。

虚拟导览是 AR 技术在旅游中的常见应用。AR 导览应用程序让游客只需用手机或平板电脑扫描景点，如古建筑，就能实时获取其历史背景、建筑风格和相关故事，深入了解景点文化内涵。多语言解说功能方便了国际游客，跨越语言障碍感受当地文化。基于游客兴趣和实时位置，AR 导览还能智能推荐附近景点、餐厅和活动，定制个性化旅游路线，让旅程更加丰富便捷。这种科技与文化的结合，提升了旅游的趣味性和互动性，为游客带来沉浸式探索体验（图 7-10）。

历史场景还原是 AR 技术为旅游增添的独特魅力。借助 AR 设备，游客站在现代街头，就能瞬间看到历史场景，如在罗马街头感受古罗马时期的繁华，或置身古代战场，体验历史的震撼。AR 技术还能“复活”历史人物，游客与虚拟古人互动，聆听故事，了解时代背景。这种沉浸式体验让历史鲜活起来，让游客深刻感受文化魅力，仿佛穿越时空，亲历历史精彩瞬间（图 7-11）。

图 7-10　AR 虚拟导览界面

图 7-11　AR 结合文旅案例

AR 技术与旅游的结合，彻底改变了传统旅游模式。游客通过 AR 导览获取景点知识，借助历史场景还原穿越时空，结合 VR 技术打造沉浸式体验，深入了解景点文化内涵和历史故事。这种创新展示方式提升了旅游的趣味性和互动性，拉近了游客与文化、历史的距离，让旅游从单纯观光变为充满知识与探索的深度体验之旅。

三、文物、遗址与现代文旅应用

四川广汉三星堆博物馆的 AR 项目，通过 AR 技术还原三星堆文物历史场景和文化内涵，提升游客参观体验和对古蜀文明的理解。游客使用手机或平板电脑上的 AR 应用程序扫描文物或特定区域，就能查看文物三维模型和动态展示，如栩栩如生的青铜面具、神树等虚拟复原模型，深入了解其历史背景和文化意义（图 7-12）。AR 技术还将博物馆部分区域还原为古蜀时期生活场景，如祭祀仪式和手工作坊，游客仿佛能看到古蜀人生活的画面。游客可以与虚拟文物互动，点击屏幕查看详细信息，通过手势控制模型动作，甚至合影分享到社交媒体。AR 应用程序提供丰富的科普内容，涵盖文物制作工艺、考古发现过程和古蜀文明历史背景，让游客在互动中深入了解三星堆文化魅力。技术实现上，游客下载专用 AR 应用程序，通过高精度 3D 建模与动画技术，结合设备摄像头和传感器，实现虚拟文物和场景与现实环境的精准叠加和实时互动。该项目吸引了大量游客，尤其是年轻人和家庭游客，提升了博物馆参观人数。

（a）沉浸式光影艺术展海报

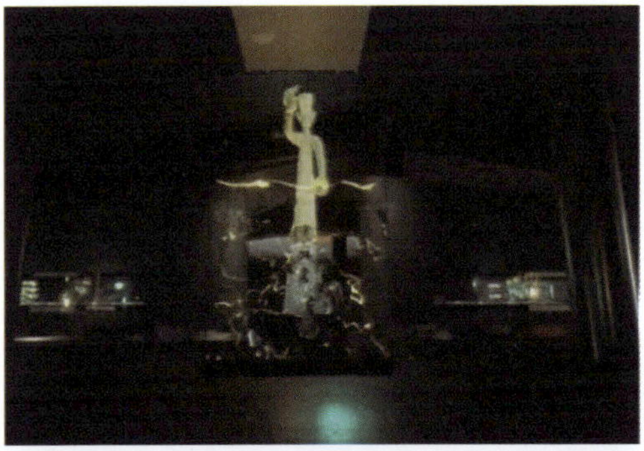

（b）面具实物

（c）静态展陈

（d）沉浸式光影空间

图 7-12　三星堆博物馆 AR 项目

通过社交媒体分享 AR 拍照功能，扩大了展览影响力和知名度。AR 技术提供的高度互动体验，让展览内容生动有趣，帮助游客更好地理解三星堆文化，激发了青少年对古蜀文明的兴趣。

意大利庞贝古城 AR 复原项目，借助 AR 技术让这座被火山灰掩埋的千年古城重焕生机。游客通过 AR 设备可以亲眼目睹庞贝古城建筑原貌，包括神庙、剧院、浴场等，了解其独特建筑风格和历史背景。漫步在遗址现场，仿佛能看到古罗马时期的街道景象，热闹的商铺、行人、马车穿梭其中，感受当时的繁华。展示了古罗马人的日常生活场景，如市场交易、祭祀活动和家庭生活，游客在遗址中能看到虚拟面包房，了解古罗马饮食文化。互动体验方面，游客参与虚拟考古发掘活动，点击虚拟场景物品获取详细信息，让历史知识学习更加生动有趣。这种沉浸式体验让游客直观了解庞贝古城历史文化，提升了参观趣味性和参与感。AR 技术为游客提供了直观沉浸式参观体验，年轻游客兴趣浓厚，参观时间延长，博物馆吸引力提升。同时，AR 复原为历史教育提供了生动教学工具，学生通过虚拟场景学习古罗马历史，增强了学习趣味性，提高了知识记忆效果（图 7-13）。

（a）庞贝城的 3D 重建　　（b）AR 之旅徒步

图 7-13　庞贝古城 AR 复原项目

此外，AR 技术通过虚拟展示减少了对遗址实物的直接接触，降低了文物受损风险，为文物保护提供了创新解决方案，为历史遗址数字化复原开辟了新路径。

谷歌公司和新加坡旅游局合作推出应用程序“Visit Singapore”，其特色是吉祥物“Merli”可引导游客参观鱼尾狮公园和维多利亚剧院及音乐厅区域，游客使用手机或AR眼镜就能获取实时景点介绍、历史背景和文化故事，还有虚拟导游服务，结合游戏化设计的AR寻宝游戏，增添游览趣味性和互动性。新加坡作为“智慧城市”，AR技术全面升级了游客在新加坡的体验，传播了新加坡历史文化，巩固了其科技和文化中心地位，推动了文旅、商业和教育等产业发展，为全球智慧城市建设树立了标杆（图7-14）。

（a）吉祥物“Merli”导览

（b）实时景点介绍

图7-14　Visit Singapore 项目

第三节　工业产品应用

一、原型设计与产品展示

AR技术在工业设计领域掀起了创新浪潮，改变了传统设计流程和产品展示方式，为设计师、客户及整个行业带来了显著变革。

在原型设计与可视化方面，虚拟原型创建成为AR技术的核心应用之一。以往，设计师制作物理原型不仅耗时费力，成本也很高。如今借助AR技术，设计师能够直接在三维空间中创建和修改虚拟产品原型，无须依赖传统的物理模型制作。通过AR眼镜或平板电脑等设备，设计师可以实时查看设计模型在真实环境中的效果，包括产品的外观、尺寸、比例以及材质呈现效果等。例如在设计一款新型汽车时，设计师能通过AR设备直观看到汽车在不同场景下的视觉感受，快速调整车身线条、颜色和材质搭配，评估设计的可行性和美观性。而且AR技术支持快速生成和修改虚拟原型，让设计师在设计早期就能发现并解决潜在问题，大大减少了设计迭代所需的时间和成本，为产品开发赋予了更高的灵活性和精准度。

协作与远程评审是AR技术为工业设计带来的另一大便利。在传统设计流程中，团队成员因地理位置分散，沟通协作存在诸多不便，往往导致设计进度受阻。AR 技术打破了这个限制，分布在不同地点的设计团队成员可以共享同一虚拟模型，并进行实时讨论和标注。例如，在一款电子产品的设计过程中，位于不同国家的设计师、工程师和客户可以同时通过 AR 设备查看产品虚拟模型，对产品的功能布局、外观设计等方面进行实时交流和讨论，及时提出修改意见。这种远程协作方式不仅提升了团队协作效率，还减少了传统评审过程中因沟通不畅导致的误解，为团队营造了更加开放和互动的合作环境（图 7–15）。

（a）产品检测

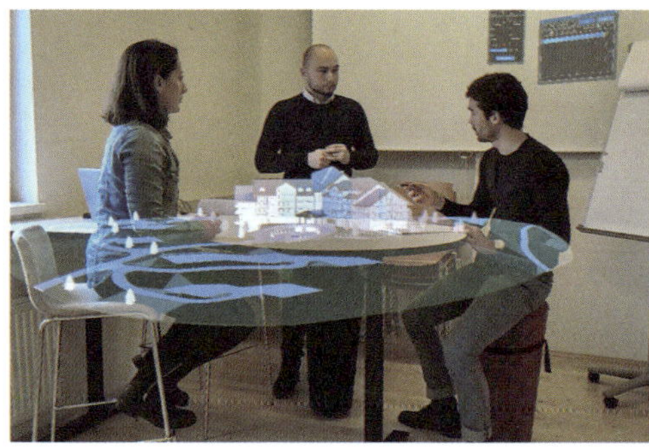

（b）可视化协作

（c）团队远程评审

图 7–15　可视化协作与远程评审

产品展示与客户体验是 AR 技术在工业设计中大放异彩的领域。客户可以借助 AR 技术在真实环境中查看虚拟产品模型，从而更直观地感受产品在实际场景中的效果。以家具设计为例，客户通过手机上的 AR 应用，就能将心仪的家具虚拟放置在自家房间内，查看家具与房间的整体风格是否匹配、尺寸是否合适等。同时，AR 技术还提供了交互式体验，客户可以通过 AR 设备与虚拟产品进行互动，如旋转、放大产品，拆解查看内部结构和工作原理等，深入了解产品的细节和性能。此外，AR 技术支持定制化展示，可以根据客户的个性化需求实时调整产品的外观和功能，如更换产品颜色、材质或配置等，让客户充分体验产品的多样性和灵活性，有效提升了客户满意度，为产品设计提供了更高效的沟通和反馈渠道（图 7-16）。

图 7-16　AR 技术定制化展示

生产与装配指导是 AR 技术在工业制造环节中的重要应用之一。在传统生产中，工人装配复杂产品时往往依赖纸质手册，不仅效率低，还容易出错。AR 技术的出现改变了这个现状，工人在实际生产过程中可以通过 AR 设备查看虚拟的装配指导，系统会以直观的方式展示零件的安装顺序、位置和操作步骤，将复杂的装配流程变得清晰易懂（图 7-17）。而且 AR 设备能够实时监测装配过程，一旦发现工人操作有误，就会及时提供反馈和纠正建议，帮助工人快速发现并解决问题，从而显著提高生产效率和装配准确性（图 7-18）。此外，AR 技术在工人培训方面也发挥了重要作用，新员工可以通过虚拟的装配模拟和操作指导，在安全的虚拟环境中快速熟悉装配流程，掌握装配技能，大大减少了培训成本和时间，为制造业的数字化转型提供了有力支持。

图 7-17　生产与装配指导

图 7-18　AR 设备能够实时监测

二、远程协作与维修

AR 技术在设备维修与装配领域的应用，尤其是在远程协助和现场支持方面，正深刻改变着传统的工作模式，为提高工作效率、降低成本和减少错误提供了创新解决方案。

远程协助是AR技术在这个领域的重要应用之一。借助实时视频通话与AR叠加功能，技术人员在遇到设备维修或装配难题时，可以通过 AR 设备（如智能眼镜或平板电脑）与远程专家进行实时视频连接（图 7-19）。远程专家能够将虚拟指示，如箭头、注释或 3D 模型，直接叠加到现场技术人员所看到的实际设备上，使操作步骤一目了然。例如在维修一台复杂的工业设备时，远程专家可以通过 AR 技术精准标注出需要拆卸的零件，并详细指示具体的操作步骤，确保现场技术人员的每一步操作都准确无误。而且 AR 技术支持多人协作，多个专家可以同时接入同一 AR 会话，共同为现场技术人员提供支持，实现高效的团队协作和问题解决。这种实时、直观且协作化的支持方式，大大提升了工作效率，降低了操作错误率，为复杂设备的维修与装配提供了强有力的技术保障。

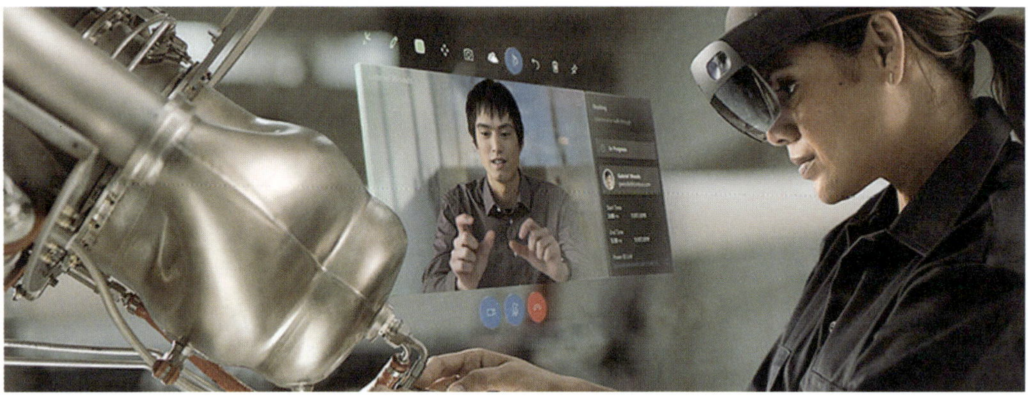

图 7-19　远程协助

现场支持方面，AR 装配指导为现场技术人员提供了直观、高效的操作支持。技术人员通过 AR 设备可以清晰地查看虚拟的装配指导信息，包括零件的安装顺序、位置和操作步骤等，使原本复杂的装配流程变得更加清晰易懂，易于执行。AR 设备还具备实时监测功能，能够在技术人员操作过程中提供即时反馈和纠正建议，帮助他们快速发现并解决问题，从而显著提高操作的准确性和效率。此外，传统的纸质手册逐渐被 AR 虚拟手册取代，技术人员通过 AR 设备查看的动态 3D 操作指南更加生动形象，易于理解。这种智能化的装配指导方式，优化了工作流程，为技术人员提供了更高效、精准的支持工具。

培训与模拟也是AR技术在设备维修与装配领域的一个重要应用场景。利用AR技术，技术人员可以在虚拟环境中进行设备维修和装配的培训（图 7-20）。这种沉浸式的学习体验让技术人员能够快速掌握操作技能，减少在实际操作中的错误。AR 技术还能够模拟各种复杂的维修和装配场景，包括一些在现实中难以重现的突发情况，帮助技术人员熟悉操作流程，学习应对突发问题的方法，提升他们的应变能力和操作熟练度。与传统培训方式相比，AR 虚拟培训不仅降低了培训成本和时间，还为技术人员提供了更贴近实际工作的学习环境，有效提升了培训效果。

（a）维修与装配培训

（b）模拟

图 7-20　培训与模拟

数据与知识管理是 AR 技术为设备维修与装配带来的又一个优势。通过 AR 技术构建的 AR 数据库，技术人员在工作现场可以实时访问设备的历史维修记录、操作手册和相关知识库，快速获取所需信息，大大提高了问题解决的效率。同时，AR 设备能够实时采集操作数据，并将这些数据上传到云端进行分析和存储。企业通过对这些数据的深入分析，可以优化后续的维修流程，改进设备性能，为设备的长期维护和性能优化奠定坚实基础。这种数据驱动的维修方式，提升了操作的精准性和效率，实现了设备维修与装配工作的智能化管理。

三、制造业与工程项目中的应用实例

AR 技术在制造业与工程项目中的应用，切实改变了传统的生产和管理方式，为企业带来更高的效率、更低的成本和更好的产品质量。

2024 年，德国西门子（SIEMENS）公司在设备维修领域应用 AR 技术，为现场技术人员提供了高效的远程支持（图 7-21）。技术人员利用 AR 设备与远程专家进行实时视频通话，远程专家可以将虚拟指示直接叠加到实际设备上。例如，在维修大型电力设备时，远程专家通过 AR 技术标注出需要维修的零件位置，并给出详细的分步操作指导，确保技术人员准确无误地进行维修。同时，AR 远程协助功能减少了专家出差的需求，降低了差旅和人力成本。此外，AR 技术的实时指导和可视化操作，提高了问题解决的效率和准确性，为设备维修与维护提供了创新、高效且经济的解决方案，推动了行业的数字化转型和效率提升。

图 7-21　西门子（SIEMENS）公司远程 AR 设备维修

空中客车公司在飞机装配和维修工序中充分利用 AR 技术进行工人培训。工人通过 AR 设备在虚拟环境中进行装配和维修的模拟操作，AR 系统提供实时的操作指导和反馈。比如在飞机发动机装配培训中，工人借助 AR 设备可以清晰看到每个零件的安装位置和顺序，系统会及时纠正操作错误，帮助工人快速掌握复杂的装配技能。通过 AR 技术的应用，空中客车公司的培训时间减少了 50%，工人操作错误率显著降低。这种沉浸式的培训方式，不仅提高了工人的技能水平和生产效率，还通过模拟操作减少了实际操作中的风险和成本，为航空制造业的高标准要求提供了有力保障，为制造业的人才培养和生产优化提供了新的思路和方法。

AR 技术在制造业与工程项目中具有诸多显著优势。它显著提高了工作效率，通过实时数据反馈和虚拟指导，减少了操作时间和错误率，使工作流程更加顺畅。同时，降低了成本，减少了专家出差、培训以及因生产错误导致的损失，为企业节省了大量资源。AR 技术还增强了团队协作能力，通过远程协作和多人共享虚拟模型，提升了团队成员之间的协作效率。在管理方面，AR 技术支持数据驱动的管理方式，企业可以根据 AR 设备采集的数据优化生产流程和资源配置。此外，AR 技术通过实时监测和反馈，有助于提高产品质量和一致性，为企业的长期稳定发展奠定了坚实基础。AR 技术在制造业与工程项目中的广泛应用，推动了工业制造和工程管理的数字化转型，为行业带来了更高效、更智能的解决方案，开启了工业发展的新篇章（图 7-22）。

（a）智能制造

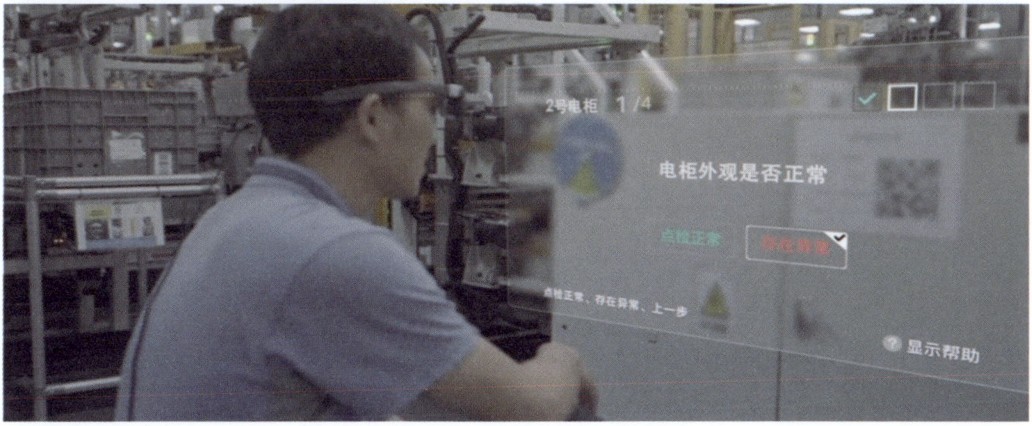

（b）美的集团专家远程指导维修

图 7-22 利用 AR 技术进行检测及工人培训

CHAPTER 8
THE FUTURE OF
AUGMENTED REALITY DESIGN

第八章 增强现实设计的未来

08

第一节 技术演进与设计挑战

AR 技术在过去几年里经历了显著的发展，从实验室原型逐步走向大众消费市场。根据国际数据公司（IDC）2024 年第一季度发布的报告，全球 AR/VR 市场规模预计将从 2023 年的 186 亿美元增长至 2027 年的约 430 亿美元，年复合增长率达 23.4%。

一、技术瓶颈与未来发展

1. 智能眼镜与头戴设备的轻量化与续航挑战

目前，AR 设备面临的首要挑战是轻量化与续航问题。以苹果公司、Meta 公司、谷歌公司等为代表的科技巨头，正积极投身于 AR/MR 头戴设备的研发，试图在“轻量化－续航－性能”之间找到理想的平衡点。

苹果公司于 2023 年 6 月发布的 Vision Pro 质量约为 650g，尽管采用了先进的设计理念，但其质量仍然影响了用户的佩戴体验。根据《彭博社》记者 Mark Gurman 的报道，苹果正在研发第二代 Vision 产品，可能命名为“Vision Air”，这款设备计划采用钛合金机身，以大幅减轻质量（图 8–1）。

图 8–1 Vision Pro 2 & Air 和 Vision Air

Meta Quest 3（图 8–2）则在质量控制和续航方面取得了一定成果，它在 515g（含头带）的质量下，能够实现约 3h 的续航。相比前代设备 Meta Quest 2（503g，续航 2～2.5h），在便携性和电池效率上都有明显提升。Meta 公司的工程团队通过优化系统架构和电池管理算法，显著提高了设备的能效比。Meta 公司首席技术官 Andrew Bosworth 在 2023 年第四季度财报电话会议上提到：“我们在 Quest 3 上采用了全新的电池管理系统，通过动态调整处理器负载和显示亮度，在不牺牲用户体验的前提下延长了设备续航时间。”

TechInsights 的研究报告指出，Vision Pro 的外置电池组虽然能量容量比 Quest 3 高 90%（3166mA · h 对比 1662mA · h），但其自重也几乎高出 1 倍（353g 对比 189g），

这使得在续航和佩戴舒适度之间难以抉择。该报告进一步分析："Vision Pro 采用双芯 M2 处理器和 R1 协处理器的架构设计，虽然提供了强大的计算能力，但也带来了更高的功耗。与此同时，其微型 OLED 显示技术虽然提供了极高分辨率，但同样增加了能耗压力。"最近美国斯坦福大学材料科学实验室的研究表明，基于固态电解质的新型锂离子电池有望实现能量密度翻倍的目标，这将直接受益于可穿戴设备的轻量化设计。

2. 空间感知与渲染技术的演进

空间感知与渲染技术对于 AR 体验的质量起着决定性作用。新一代设备通过集成深度摄像头、LiDAR（光检测和测距）、超声波等多模态传感器，实现了厘米级的定位精度。

图 8-2 Meta Quest 3

苹果公司自 2020 年起在 iPad Pro 系列配备的 LiDAR 传感器，能够快速完成室内外场景的 3D 重建，为用户提供更加精准的空间感知。根据《计算机视觉与图像理解》期刊 2023 年的一项研究，使用 iPad Pro 的 LiDAR 进行室内扫描，其平均误差可控制在 2cm 以内，这个精度已经足以支持大多数家居场景的 AR 应用。苹果公司在 WWDC 2023 上展示的 RoomPlan API 进一步利用这一技术，实现了对室内空间结构的自动识别与重建。

美国英伟达研究院与加州大学伯克利分校合作发表的论文 *Instant Neural Graphics Primitives* 提出的神经辐射场（NeRF）技术，能够从一系列 2D 图像重建高度逼真的 3D 场景。同时，为应对高保真渲染对本地算力的巨大需求，多家厂商正在测试基于 5G/ 边缘服务器的流式渲染方案，将复杂计算卸载至云端，仅把图像流传输至终端，从而降低设备发热和功耗。微软的 Azure Remote Rendering 服务就是这个趋势的代表，它允许 HoloLens 等 AR 设备将渲染任务卸载至云端，大幅提升渲染质量的同时降低本地功耗。根据微软技术博客的数据，通过该技术，单个 HoloLens 2 设备可以同时渲染多达 500 万个多边形的复杂模型，而不会出现明显的性能下降或发热问题。

3. 多模态交互的发展趋势

AR 交互正从传统的触控 + 手势交互，向视线追踪与脑机接口（BCI）等多模态交互演进。这个趋势反映了技术界对更自然、沉浸式用户交互体验的追求。

根据 2024 年 Meta 现实实验室发表的内部研究结果，将注视检测与语音指令相结合，能够在亚秒级响应复杂查询与控制指令。用户只需看向某个虚拟按钮并口述“打开”，系统就能高效执行操作。该研究团队通过与 20 名不同背景的参与者进行的实验表明，这种多模态交互方式比传统的手势交互平均减少了 43% 的操作时间，同时降低了错误率。

借助高精度红外眼动追踪技术，头显可以捕捉用户注视点，并优化 UI 布局，实现“视线即指针”的自然定位方式，减少对手势或手柄的依赖。瑞典 Tobii 公司与美国高通公司合作开发的新一代眼动追踪模组，采用 4K 微型摄像头，能够实现 ±0.5° 的精确度，即使在强光条件下也能稳定工作。

近年来，科学家在脑机接口（brain-computer interface, BCI）领域也取得了一定进展。多家学术团队在实验室条件下，通过脑电图（EEG）信号解码用户意图，并与 AR 系统集成进行简单交互。CTRL-Labs（被 Meta 公司收购）开发的肌电（EMG）腕带提供了另一种非侵入式神经交互途径。即使手指没有实际移动，该设备通过检测前臂肌肉的微小电信号，也能够识别用户的手指动作和手势意图。Meta 公司在 2023 年的 Connect 大会上展示了基于此技术的原型腕带，能够支持虚拟键盘输入和精确的 AR 界面控制（图 8-3）。

图 8-3　2023 年 Connect 大会

AR 设备长时佩戴的需求，对人机工学和可访问性提出了更高要求。从质量与重心分布来看，头显质量需控制在 500g 以下，并且要保证前后质量平衡，以避免颈部与面部疲劳。

根据美国斯坦福大学虚拟人机交互实验室 2023 年发布的研究报告，使用者佩戴超过 500g 的头戴设备连续使用 30min 后，约有 67% 的参与者报告颈部不适，而当质量降至 350g 以下时，这个比例显著下降至 23%。该实验室主任 Jeremy Bailenson 教授指出："在 AR 设备设计中，质量和重心平衡可能比分辨率和视场角更重要，因为它们直接影响用户的使用持久性。"

目前，多数 AR 头显采用上下环带 + 后置平衡块的设计来改善受力情况。Meta 公司的 Quest 3 的精英头带（Elite Strap）就采用了这个设计理念，通过在后部增加配重，使头部前后受力更为均衡，减轻前倾压力。苹果公司的 Vision Pro 则采用了"双环"结构，上环负责平衡质量，侧环提供稳定支撑，配合可调节的头带张力系统，实现了更好的舒适度。

散热与透气也是重要问题，高性能芯片产生的热量需要通过优化散热结构和通风孔设计来散发，确保设备贴合面部区域在长时间使用时的舒适度。热成像分析显示，运行高负载 AR 应用时，头显前部温度可达 38～42℃，接近人体舒适耐受的上限。

由于不同用户的面部结构、视力状态和佩戴习惯差异显著，AR 设备需要提供可调节瞳距（IPD）、可更换鼻托与面罩，以及集成近视度数自适应或定制镜片方案。Quest 3 支持瞳距范围为 53～75mm 的连续调节，覆盖了约 95% 的成年人口。Nreal Air 眼镜则提供了三种不同尺寸的鼻托，并支持通过磁吸式连接器附加定制近视镜片，使近视用户无须戴眼镜即可获得清晰视觉（图 8-4）。

图 8-4　Nreal Air 眼镜

二、设计面临的挑战与机遇

1. 人机工学与可访问性挑战

此外，为视力障碍、听力障碍或行动不便的用户提供替代交互方式（如语音、触觉反馈）和辅助功能（大字号字体界面、音频描述、字幕），以满足多元化需求，也是设计过程中需要重点考虑的方面。美国康奈尔大学人机交互实验室与 Meta Reality Labs 联合开展的研究项目“Accessible AR”，探索了针对视觉、听觉和运动障碍用户的 AR 界面设计准则，并提出一套包含 24 项关键指标的 AR 可访问性评估框架。该框架已被多家 AR 设备制造商采纳，并逐步融入其产品设计流程。

2. 设计机遇与创新方向

尽管面临诸多挑战，但 AR 技术的发展也为设计师带来了前所未有的机遇，使创作思维不再局限于传统的 2D 平面。随着硬件和交互技术的不断进步，设计师可以创造出更加沉浸式、自然和个性化的用户体验。

在空间交互设计方面，设计师能够利用视线追踪和手势交互等技术，构建更加符合人体自然行为的交互方式。例如，Magic Leap 2 的“视线定位 + 轻敲”交互模式，让用户只需凝视目标并轻敲手指即可完成选择操作，比传统的指向 - 点击模式减少了约 40% 的操作时间。此外，根据用户习惯动态调整 UI 元素的大小和位置，也成为空间 UI 设计的重要方向。Snap AR 的设计主管 John Hoang 在 2023 年的 Lens Fest 大会上分享：“我们发现，根据用户注视点智能调整 UI 布局，可以将关键信息的到达时间缩短 30%，同时减少不必要的头部转动。”

在内容设计上，生成式 AI 与实时 3D 内容创作技术的发展，使得设计师可以快速生成多样化的 3D 模型和场景。美国 Adobe 系统公司的 Firefly 3D 与英伟达公司的 GET3D 等工具，通过文本提示或参考图像，能够在几分钟内生成高质量的 3D 资产，大幅提升了创作效率。设计研究公司 ABI Research 的分析显示，AI 辅助创作工具将使 AR 内容产出速度提升 5～10 倍，同时降低约 60% 的专业技能门槛。

同时，AR 技术在不同行业的广泛应用，如教育、医疗、零售等，也为设计师提供了更广阔的设计空间。在零售领域，沉浸式试衣间和家居预览应用已经成为标准配置。宜家集团的 IKEA Place 应用自 2017 年推出以来不断迭代，不仅支持单件家具的放置，还能够识别用户空间并推荐完整的装修方案（图 8-5）。麦肯锡全球研究院 2024 年发布的《沉浸式技术经济影响》报告预测，到 2030 年，AR/VR 技术在全球范围内可能创造高达 1.5 万亿美元的经济价值，其中企业应用占比约 67%。这个趋势为 AR 设计师与开发者提供了巨大的市场机会和职业发展空间。

图 8-5　IKEA Place App

第二节 人工智能与 AR 结合

人工智能（AI）与AR的深度融合，为AR的发展带来了革命性的变化，推动其从“被动展示”迈向“主动理解与生成”。AI 技术能够增强 AR 系统对现实环境的感知能力，提升用户交互体验，并简化内容创作过程。

一、AI 如何推动 AR 的发展与创新

多模态大模型（multimodal large language models, MLLMs）在计算机视觉与自然语言处理领域的突破，为 AR 场景理解注入了强大的“语义智力”。这些模型不仅能够识别图像中的对象，还能理解它们之间的关系和上下文语境，为 AR 应用提供更深层次的环境理解能力。

Meta 公司发布的 Llama 4 系列具备内建的视觉 - 语言融合能力，能够对摄像头捕获的画面进行实时语义分割，并自动为场景元素生成文本标签。在实际应用中，这使得 AR 系统能够理解“将这个虚拟便签贴在冰箱门上”等指令，准确识别环境中的“冰箱门”并执行相应操作。Meta 公司的 AI 研究员 Joelle Pineau 在 2024 年第一季度的研究简报中表示：“视觉语言模型的突破，使 AR 系统首次具备了近似人类的场景理解能力，这将彻底改变人机交互的方式。”

Niantic 公司在 Peridot 项目中将 Llama 2 嵌入手游 AR 宠物应用，使数字生物能够“看懂”周围环境并做出智能反应。例如，当用户将虚拟宠物放在草地上时，它会表现出探索和玩耍的行为；而放在桌面上时，则会好奇地观察桌上的物品。Niantic 公司首席技术官 Phil Keslin 在 GDC 2023 的演讲中解释：“我们的 AI 模型能够区分超过 200 种常见表面类型和 1000 多种日常物品，这使得 AR 角色能够展现出符合环境语境的智能行为。”

谷歌云 Natural Language API 提供的多语言文本分析功能，结合 ARCore 的画面数据，可以自动提取环境中的可交互对象和情感线索。这项技术在零售 AR 应用中得到了应用，例如麦当劳公司与谷歌公司合作开发的 AR 菜单应用（图 8-6），能够实时识别用户指向的菜品，并提供详细介绍和营养信息，同时根据用户的表情和评论实时调整推荐内容。

微软亚洲研究院在其 Holographic Telepresence 原型中，通过 CLIP 模型实时检索用户周围常见物体，大大缩短了信息查询与展示的延迟。这项技术在远程协作场景中表现出色，例如当技术专家远程指导现场工作人员维修设备时，系统能够自动识别画面中的零部件，并叠加相应的操作指南和技术参数，使协作过程更加流畅高效。

图 8-6　麦当劳与 Google 合作开发的 AR 菜单应用

基于 AI 的场景理解还能驱动自动布局。Apple Vision OS 的 SDK 集成了对房间平面与表面纹理的深度理解，设计者可以基于这些环境信息自动生成虚拟界面布局，确保信息面板与现实家具“自然贴合”。这种技术被称为“空间锚点”（spatial anchors），能够将虚拟内容智能地定位到现实环境中最适合的位置，如将虚拟电视挂在空白墙面，或将虚拟笔记本放置在桌面上。

卡内基梅隆大学人机交互研究所发表在 *ACM Transactions on Computer-Human Interaction* 上的研究指出，基于 AI 的自动锚点筛选与布局算法，能够将关键信息优先展示在用户视野中心，减少手动调试成本。该研究团队开发的 AttentionAR 系统能够分析用户视场内的视觉复杂度和注意力分布，自动调整 AR 内容的位置、大小和透明度，使其在不同环境下都能保持最佳可见性。实验数据显示，与传统固定位置布局相比，这种自适应布局方法将用户查找信息的平均时间减少了 43%。

生成式 AI 在图像、文本到 3D 模型的多模态创作上取得了惊人进展，为 AR 应用内容的快速迭代与个性化提供了全新思路。这些技术极大地降低了 3D 内容创作的门槛，使非专业用户也能创建高质量的 AR 体验（图 8-7）。

在文本到 3D（text-to-3D）模型领域，OpenAI 的 Shap-E（开源模型）通过隐式神经表示技术（NeRF/ 纹理网格），可在单 GPU 上 13s 内将文本输入转化为静态 3D 资产；2025 年，Google DeepMind 的 Genie 3 实现了实时交互式 3D 生成（720p@24fps），支持文本指令动态修改场景（如添加物体 / 调整天气），物理记忆维持 1min。

行业媒体 eWEEK 在 2023 年底评测了 Alpha3D、Sloyd、Luma AI 等十余款 AI 3D 生成器，发现这些工具在标准化道具（家具、器皿）建模中的效率相比传统建模提升至 1/10 时长。评测结果显示，一位专业 3D 建模师使用传统工具创建一把精细的办公椅模型平均需要 4h，而使用 Alpha3D 只需 25min 即可完成类似质量的作品，其中大部分时间用于细节调整而非基础建模。

图 8-7　AI 生图

二、AI 赋能的个性化 AR 体验

AI 不仅能帮助创建 AR 内容，还能根据用户行为和环境变化提供个性化的体验。通过分析用户的使用模式、偏好和环境因素，AI 可以实时调整 AR 内容的展示方式，提供更加贴合用户需求的信息和服务。

1. 上下文感知与智能推荐

基于机器学习的上下文感知系统能够综合分析用户的位置、活动状态、历史行为和环境条件，为 AR 设备提供精准的信息过滤和推荐功能。这种技术对于减轻信息过载和提升用户体验至关重要。

谷歌公司的 ARCore Geospatial API 结合用户位置数据和视觉定位技术，能够在城市环境中精确理解用户的空间位置和视角，提供与当前场景高度相关的增强内容。例如在旅游场景中，系统可以根据用户的兴趣偏好（如历史建筑、美食、购物等）和当前时间，智能推荐周边的景点和活动，并通过 AR 叠加层呈现详细信息。

Meta 的研究团队开发的 Context-Aware AR 框架能够根据用户的社交网络、活动模式和使用习惯，预测用户在不同场景下可能需要的信息类型，并主动提供相关 AR 内容。例如，系统可以识别用户正在参加会议、用餐或锻炼等活动，并在 AR 视图中显示与当前场景最相关的控件和信息。Meta 公司的内部测试显示，这种上下文感知方式比传统的固定 UI 布局提高了 30% 的用户满意度和 22% 的任务完成效率。

2. 情感计算与适应性界面

情感计算技术通过分析用户的面部表情、语音语调、生理信号和行为模式，推断用户的情绪状态，并据此调整 AR 体验。这个领域的进展使 AR 系统能够以更加人性化和共情的方式与用户互动。

麻省理工学院媒体实验室的情感计算小组开发的“EmpathaLens”原型系统，通过集成的微型传感器和 AI 算法，能够检测用户的情绪变化并相应地调整 AR 内容的呈现方式。例如，当检测到用户注意力不集中或感到疲劳时，系统会降低信息密度，强调重要内容，并调整色彩和对比度以提高可读性。

Snap AR 研究团队正在开发基于生理信号的情感识别系统，通过智能眼镜上集成的红外传感器和电容式触点，监测用户的心率变化、皮肤电导反应和微表情，从而推断其情绪状态（图 8-8）。这些数据被用于调整 AR 界面的复杂度、色彩方案和交互节奏，以匹配用户的情绪需求。Snap AR 的设计总监表示：“我们的目标是创建能够‘读懂’用户情绪的 AR 体验，就像人类伙伴一样能够感知到你的心情并相应地调整沟通方式。”

图 8-8　Snap AR 官网

三、未来展望与设计思考

未来将向“助理化”转型，AI+AR 的下一步是“场景助手”——实时预测用户需求并主动提供信息，减少用户操作步骤。其中关于隐私与透明性，在强 AI 支持下，AR 应用将大量收集个人与环境数据，而设计师需在体验与信任之间找到平衡，采用“边缘处理 + 最小授权”原则。注重跨平台与开放生态，未来 AI+AR SDK 将更加开放，促进不同厂商设备与内容的互通，帮助设计师快速迭代与部署。

通过上述各维度剖析，设计入门者可以系统了解 AI 如何赋能 AR，从深度场景理解、实时内容生成、自然语言交互到个性化推荐，为自己的 AR 项目注入“智能”内核，实现更高效、更人性化的体验创新。

第三节　新兴职业与学习路径建议

1. 未来的 AR 岗位

未来岗位类型将会愈发丰富多元，但无论是偏向技术还是艺术设计方向，这些角色都要求坚实的技术基础与工具掌握（图 8-9）。接下来，我们将逐项解析在开发、设计与协作中不可或缺的关键技能与应用，帮助读者构建符合岗位要求的专业能力。

图 8-9　AR 岗位

（1）空间交互设计师，负责 AR 界面与空间交互原型设计，结合视线追踪和手势交互，构建沉浸式体验。

（2）AR/VR 开发工程师，精通 Unity + AR Foundation 或 Unreal + ARKit/ARCore，负责实现平面检测、光照估计和虚拟对象渲染。

（3）计算机视觉工程师，利用 OpenCV、TensorFlow、PyTorch 等工具，实现环境理解、SLAM 优化与手势识别。

（4）3D 艺术家与动画师，精通 Blender、Maya、Cinema 4D，制作 3D 导入 AR 场景。

（5）AI+AR 产品经理，跨领域统筹 AI 与 AR 项目，从需求调研到落地版本发布。

2. 核心技能与工具链

掌握工具并不仅是为了完成任务，更是构建职业能力的基石。未来，在进入真实项目或团队时，这些技能将帮助你快速上手、有效协作，并在 AR 行业中保持竞争优势。

（1）引擎与编程：Unity + AR Foundation/ARCore/ARKit（掌握平面检测、点云渲染与性能调优）、UnityC#、C++ 编程（游戏引擎脚本与底层模块开发）。

（2）3D 建模与动画：Blender、Maya、Cinema 4D（模型创建与骨骼动画）Substance Painter（材质与贴图绘制）。

（3）计算机视觉与 AI：OpenCV、TensorFlow、PyTorch（SLAM 优化、对象检测与手势识别）、大模型（LLM/MLLM）集成（调用 CLIP、Llama 进行场景语义理解 ）。

（4）工具与协作：Git/GitHub（版本管理与开源协作）、Jira/Trello（敏捷项目管理）、Figma/Sketch（界面与流程原型设计）。

参考文献

[1] Azuma R T. A survey of augmented reality[J]. Presence: Teleoperators and Virtual Environments, 1997, 6(4): 355–385.

[2] Bekele M K, Pierdicca R, Frontoni E, et al. A survey of augmented, virtual, and mixed reality for cultural heritage[J]. Journal on Computing and Cultural Heritage, 2018, 11(2): Article 7: 1–36.

[3] Boboc R – G, Băutu E, Gîrbacia F, et al. Augmented reality in cultural heritage: An overview of the last decade of applications[J]. Applied Sciences, 2022, 12(19): 9859.

[4] Dieck M C T, Jung T H, Rauschnabel P A. Determining visitor engagement through augmented reality at science festivals: An experience economy perspective[J]. Computers in Human Behavior, 2018, 82: 44–53.

[5] Geroimenko V. Augmented reality art: From an emerging technology to a novel creative medium (3rd ed.)[M]. Cham: Springer Nature, 2022.

[6] Gong Z, Wang R, Xia G. Augmented reality (AR) as a tool for engaging museum experience: A case study on Chinese art pieces[J]. Digital, 2022, 2(1): 33–45.

[7] He Z, Wu L, Li X R. When art meets tech: The role of augmented reality in enhancing museum experiences and purchase intentions[J]. Tourism Management, 2018, 68: 127–139.

[8] Horn M S, Phillips B C, Evans E M, et al. Visualizing biological data in museums: Visitor learning with an interactive tree of life exhibit[J]. Journal of Research in Science Teaching, 2016, 53(6): 895–918.

[9] Marto A, Gonçalves A, Melo M, et al. A survey of multisensory VR and AR applications for cultural heritage[J]. Computers & Graphics, 2022, 102: 426–440. DOI: 10.1016/j.cag.2021.09.019.

[10] Mendoza – Ram í rez C E, Perea – Nieto L, et al. Augmented reality: Survey[J]. Applied Sciences, 2023, 13(18): 10491. DOI: 10.3390/app131810491.

[11] Othman M K, et al. Applying a wearable MR – based mobile learning system on museum learning activities[J]. Interactive Learning Environments, 2024. Advance online publication.

[12] Skarbez R, Smith M, Whitton M C. Revisiting the reality – virtuality continuum[J]. Frontiers in Virtual Reality, 2021, 2: 647997.

[13] Suzuki R, Karim A, Xia T, et al. Augmented reality and robotics: A survey and taxonomy for AR – enhanced human – robot interaction and robotic interfaces[C].Proceedings of the 2022 CHI Conference on Human Factors in Computing Systems. New York: ACM, 2022: 1–33.

[14] Tawde V, et al. Mobile augmented reality: A systematic review of current trends and future directions[J]. ACM Computing Surveys, 2023–2025.

[15] Wang C, Zhu Y. A survey of museum applied research based on mobile augmented reality[J]. Mobile Information Systems, 2022: Article 2926241.

[16] 侯颖，许威威 . 增强现实技术综述 [J]. 计算机测量与控制，2017, 25 (2): 1–7, 22.

[17] 李子阳, 张东胜, 杜邦 . 基于 AR 的智能安全巡检系统 [J]. 北京化工大学学报 (自然科学版), 2022, 49 (5): 59–66.

[18] 王宇希，张凤军，刘越 . 增强现实技术研究现状及发展趋势 [J]. 科技导报，2018, 36 (10): 75–83.

附录　本书术语表

本术语表汇集了增强现实（AR）技术与设计及相关领域的核心术语，便于读者在学习和实践中查阅。

增强现实（AR）：是一种通过计算机技术将虚拟信息（如图像、音频、视频等）叠加到现实世界中，增强用户对现实环境的感知的技术。

虚拟现实（VR）：用于创建一个完全虚拟的环境，使用户沉浸其中，与现实世界隔离。

混合现实（MR）：是一种结合现实世界和虚拟世界的元素，允许用户同时与现实和虚拟对象互动的技术。

扩展现实（XR）：增强现实（AR）、虚拟现实（VR）和混合现实（MR）的统称。

SLAM（simultaneous localization and mapping）：即同时定位与建图技术，用于使设备在未知环境中构建地图并定位自身位置。

SDK（software development kit）：即软件开发工具包，指提供开发特定应用所需的工具和库。

Unity：是一款跨平台的游戏引擎，广泛用于 AR/VR 应用的开发。

Vuforia：是一个基于图像识别的 AR 开发平台，支持多种设备和操作系统。

ARKit/ARCore：分别由苹果公司和谷歌公司推出的 AR 开发平台，支持 iOS 和 Android 设备。

Marker/Markerless AR：即基于标记的 AR 和无标记的 AR，基于标记的 AR 需要特定图像或物体作为识别标记，无标记 AR 则通过环境特征进行识别和定位。

WebAR：指通过网页浏览器运行的 AR 技术，无须安装 App，即可在网页中实现 AR 体验。

头戴式显示设备（head mounted display，HMD）：如 HoloLens、Magic Leap 等，是一种可穿戴的 AR 设备，提供视听交互体验。

空间计算（spatial computing）：指设备对三维空间的感知、理解和互动能力，是实现 AR 体验的关键基础。

交互叙事（interactive narrative）：指用户通过交互参与故事推进的叙事形式，在 AR 中常与空间位置、行为选择相关联。

沉浸感（immersion）：表示用户在虚拟或增强环境中的投入程度，是评估 AR 体验效果的重要标准。

现实增强地图（augmented map）：是在地图上叠加虚拟图层，实现导航、信息标注等功能的 AR 应用。

三维重建（3D reconstruction）：指通过传感器或相机数据将现实环境建模为数字三维模型的技术。

物理空间映射（spatial mapping）：指识别并数字化现实环境中的表面和结构，使虚拟对象能合理“存在”在现实中的技术。

地理信息系统（geographic information system，GIS）：是用于采集、管理、分析空间数据的系统，在文旅类 AR 项目中常用于地理叠加。

沉浸式剧场（immersive theatre）：是一种打破传统舞台边界、强调观众沉浸与互动参与的表演形式，常与 AR 结合实现空间叙事。

WebGL：是一种在网页中渲染 3D 图形的技术基础，常用于构建无须插件即可运行的交互式 AR 网站。

现实增强地图（augmented map）：是在现实地图上叠加信息或导航功能，实现 AR 式位置交互。

计算机视觉（computer vision）：是一门研究如何让计算机“看”懂图像和视频的技术。通过算法对图像或视频中的内容进行分析、理解和识别，在 AR 技术中用于环境感知、物体识别和跟踪，确保虚拟内容能精准叠加到现实场景中。

实时渲染（real-time rendering）：指在极短时间内对虚拟场景或物体进行渲染，使其能实时呈现在用户眼前。在 AR 体验中，实时渲染技术保证了虚拟内容随用户动作和环境变化快速更新，为用户提供流畅、逼真的视觉效果。

手势识别（gesture recognition）：指利用传感器和算法识别用户的手势动作，如挥手、握拳、捏合等。在 AR 交互中，手势识别让用户能够通过自然手势与虚拟内容进行直观交互，提升交互的便捷性和自然度。

光场显示（light field display）：是一种先进的显示技术，通过捕捉和重现光线的强度及方向，实现更真实的三维视觉效果。它解决了传统显示技术在视角和深度感知上的局限，为 AR 用户提供更具沉浸感的视觉体验。

神经渲染（neural rendering）：是一种借助深度学习算法将二维图像转换为三维场景的渲染技术。能提高渲染效率和质量，使复杂场景的实时渲染成为可能，丰富 AR 内容的表现力和真实性。

云锚点（cloud anchors）：是一种基于云端的技术，允许多个用户在不同设备上共享和同步 AR 体验。在多人协作 AR 应用中，云锚点确保虚拟内容在不同用户的设备上能精确地显示在同一现实位置。

内容管理系统（content management system，CMS）：是用于创建、管理和发布 AR 内容的系统。开发者可通过 CMS 在线上传、编辑和更新 AR 项目中的各种资源，如模型、图片、视频等，方便内容的更新和维护。

多模态交互（multimodal interaction）：它能结合多种交互方式，如手势、语音、注视、触摸等，让用户在不同场景下灵活操作。多模态交互提升了 AR 交互的流畅度和满意度，满足用户多样化的交互需求。